U0300732

丛书编审委员会名单

主　任　张现林

副主任　赵士永　安占法　孟文清　王全杰　邵英秀

委　员（按姓名汉语拼音排序）

安占法　河北建工集团有限责任公司

陈东佐　山东华宇工学院

丁志宇　河北劳动关系职业学院

谷洪雁　河北工业职业技术学院

郭　增　张家口职业技术学院

李　杰　新疆交通职业技术学院

刘国华　无锡城市职业技术学院

刘良军　石家庄铁路职业技术学院

刘玉清　信阳职业技术学院

孟文清　河北工程大学

邵英秀　石家庄职业技术学院

王俊昆　河北工程技术学院

王全杰　广联达科技股份有限公司

吴学清　邯郸职业技术学院

徐秀香　辽宁城市建设职业技术学院

张现林　河北工业职业技术学院

赵士永　河北省建筑科学研究院

赵亚辉　河北政法职业学院

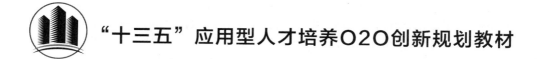

"十三五"应用型人才培养O2O创新规划教材

建筑设备识图与安装

梁慧敏　　刘 星　　李占巧　主编

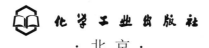

化学工业出版社

·北京·

本书共七章，内容包括给排水、采暖、电气、通风空调、消防等项目的施工图识读、安装工程。在编写中坚持融入企业要求和岗位标准，采用国家最新的技术规范和图集，引用建筑设备专业技术领域的新技术、新工艺，突出新材料、新方法的应用，力求使内容最新、最实用，真正贴近工程实际。

本书配套了丰富的数字资源（彩图、动画、漫游等），读者可通过扫描二维码，随时随地观看学习。

本书可作为应用型本科学校和高职高专院校土木建筑大类与工程管理类专业用书，也可作为工程造价从业人员资格考试指导用书，同时还可作为工程技术人员造价管理参考资料。

图书在版编目（CIP）数据

建筑设备识图与安装/梁慧敏，刘星，李占巧主编. —北京：化学工业出版社，2018.8（2021.2重印）
"十三五"应用型人才培养O2O创新规划教材
ISBN 978-7-122-32516-7

Ⅰ.①建… Ⅱ.①梁… ②刘… ③李… Ⅲ.①房屋建筑设备-建筑安装工程-建筑制图-识图-高等学校-教材 Ⅳ.①TU8

中国版本图书馆CIP数据核字（2018）第138319号

责任编辑：提　岩　李仙华　张双进　　　　　　　　文字编辑：谢蓉蓉
责任校对：王素芹　　　　　　　　　　　　　　　　装帧设计：王晓宇

出版发行：化学工业出版社（北京市东城区青年湖南街13号　邮政编码100011）
印　　装：大厂聚鑫印刷有限责任公司
787mm×1092mm　1/16　印张9　字数221千字　2021年2月北京第1版第3次印刷

购书咨询：010-64518888　　　　　　售后服务：010-64518899
网　　址：http://www.cip.com.cn
凡购买本书，如有缺损质量问题，本社销售中心负责调换。

定　　价：26.00元

本书编写人员名单

主　编　梁慧敏　刘　星　李占巧

副主编　尹素花　袁影辉　康利改

参　编　窦雅丽　董　璐　乔晓盼　李佩涛

主　审　张现林

教育部在高等职业教育创新发展行动计划（2015—2018 年）中指出"要顺应'互联网+'的发展趋势，应用信息技术改造传统教学，促进泛在、移动、个性化学习方式的形成。 针对教学中难以理解的复杂结构、复杂运动等，开发仿真教学软件"。 党的十九大报告中指出，要深化教育改革，加快教育现代化。 为落实十九大报告精神，推动创新发展行动计划——工程造价骨干专业建设，河北工业职业技术学院联合河北工程技术学院、河北劳动关系职业学院、张家口职业技术学院、新疆交通职业技术学院等院校与化学工业出版社，利用云平台、二维码及 BIM 技术，开发了本系列 O2O 创新教材。

该系列丛书的编者多年从事工程管理类专业的教学研究和实践工作，重视培养学生的实际技能。 他们在总结现有文献的基础上，坚持"理论够用，应用为主"的原则，为工程管理类专业人员提供了清晰的思路和方法，书中二维码嵌入了大量的学习资源，融入了教育信息化和建筑信息化技术，包含了最新的建筑业规范、规程、图集、标准等参考文件，丰富的施工现场图片，虚拟三维建筑模型，知识讲解、软件操作、施工现场施工工艺操作等视频音频文件，以大量的实际案例举一反三、触类旁通，并且数字资源会随着国家政策调整和新规范的出台实时进行调整与更新。 这些学习资源不仅为初学人员的业务实践提供了参考依据，也为工程管理人员学习建筑业新技术提供了良好的平台，因此，本系列丛书可作为应用技术型院校工程管理类及相关专业的教材和指导用书，也可作为工程技术人员的参考资料。

"十三五"时期，我国经济发展进入新常态，增速放缓，结构优化升级，驱动力由投资驱动转向创新驱动。 我国建筑业大范围运用新技术、新工艺、新方法、新模式，建设工程管理也逐步从粗犷型管理转变为精细化管理，进一步推动了我国工程管理理论研究和实践应用的创新与跨越式发展。 这一切都向建筑工程管理人员提出了更为艰巨的挑战，从而使得工程管理模式"百花齐放、百家争鸣"，这就需要我们工程管理专业人员更好地去探索和研究。 衷心希望各位专家和同行在阅读此系列丛书时提出宝贵的意见和建议，共同把建筑行业的工作推向新的高度，为实现建筑业产业转型升级做出更大的贡献。

河北省建设人才与教育协会副会长

2017 年 10 月

前言
Foreword

建筑设备包括建筑给排水及消防系统、建筑供暖、通风空调和建筑电气四大部分，他们是房屋建筑不可缺少的组成部分，其各子项目的施工图识读是一项技术性、实践性很强的工作，既涵盖多方面的专业知识，又涉及国家相关规范与条文。 这些知识是从事建筑设备安装工程施工工作的基础，也是从事建筑设备安装工程计价工作的基础。

本书在编写中坚持融入企业要求和岗位标准，采用国家最新的技术规范和图集，引用建筑设备专业技术领域的新技术、新工艺，突出新材料、新方法的应用，力求使内容最新、最实用，真正贴近工程实际。 在内容的选取上突出实际应用，识图内容按照读图顺序组织编写，安装内容按照工艺流程组织编写，体现了注重应用的特点。

近年来，随着国家经济的迅速发展和建筑产业的升级，为了适应现代建筑的发展，**本书在编写中加入了部分 BIM 的二维码技术，提供丰富的数字资源（彩图、动画、漫游等），读者可通过扫描二维码，随时随地观看学习。**

本书由河北工业职业技术学院梁慧敏、刘星、李占巧担任主编；河北工业职业技术学院尹素花、袁影辉，河北科技大学康利改担任副主编；河北工业职业技术学院窦雅丽、董璐，北京晶奥科技有限公司乔晓盼，邯郸市蕴鑫房地产开发有限公司李佩涛参与了编写。 各章编写分工如下：第 1 章、第 2 章、第 3 章由梁慧敏编写，第 4 章、第 6 章由刘星编写，第 5 章由李占巧、尹素花、袁影辉、康利改共同编写，第 7 章由窦雅丽、董璐、乔晓盼、李佩涛共同编写。

本书在编写过程中参考了国内外公开出版的一些书籍和资料，在此对有关作者一并表示感谢！ 还要特别感谢北京晶奥科技有限公司的大力支持！

由于编者水平所限，书中疏漏之处在所难免，欢迎广大读者批评指正！

编者
2018 年 6 月

目录
CONTENTS

二维码资源目录

第1章 建筑生活给水工程

学习目标

- 了解室内给水系统的分类与组成。
- 熟悉给水管材、附件、水表、给水升压和贮水设备，并能正确选用。
- 掌握室内给水系统的给水方式。
- 理解给水管道的布置、敷设的方法及安装工艺。
- 能进行给水平面图、系统图的识读。

1.1 室内给水系统的分类及组成

建筑室内给水工程，是建筑给水排水的重要内容。它的主要任务是选用适用、经济、合理的最佳供水方式将自来水从建筑外部管道输送给室内的生活、生产和消防各种用水设备的冷水供应系统，并保证满足用户对水质、水压和水量的要求。

1.1.1 室内给水系统的分类

室内给水系统是建筑物内所有给水设施的总体，建筑内部给水系统按用途基本上可分为生活给水系统、生产给水系统和消防给水系统三类。

1.1.1.1 生活给水系统

生活给水系统是供民用建筑、公共建筑和工业企业建筑内饮用、烹饪、盥洗、洗涤、淋浴等的生活用水系统，要求水质必须严格符合国家规定标准。供给人们在日常生活中使用的给水系统，按供水水质又分为生活饮用水系统、直饮水系统和杂用水系统。生活饮用水系统包括饮用、盥洗、洗涤、沐浴、烹饪等生活用水，直饮水系统是供人们直接饮用的纯净水、矿泉水、蒸馏水等，杂用水系统包括冲洗便器、浇灌绿化、冲洗汽车或浇洒道路等。

1.1.1.2 生产给水系统

生产给水系统主要用于生产设备冷却、原料加工、产品的洗涤、锅炉用水及某些工业的原料用水等。由于生产用水对水质、水量、水压以及安全方面的要求不同，生产给水系统种类繁多，差异很大，需要根据生产设备和工艺要求来定。

1.1.1.3　消防给水系统

消防给水系统是为了扑灭建筑物所发生的火灾，需专门设置可靠的给水系统以供给各类消防设备灭火的用水。消防用水对水质没有要求，但必须按建筑防火规范保证有足够的水量和水压。消防给水系统主要包括消火栓给水系统和自动喷水灭火给水系统。该系统的作用是灭火和控火，即扑灭火灾和控制火灾蔓延。消防给水系统主要供民用建筑、公共建筑以及工业企业建筑中的各种消防设备的用水。一般高层住宅、大型公共建筑、工厂车间、仓库等都需要设消防给水系统。

上述三种给水系统，在一幢建筑物内，可以独立设置，也可根据实际条件和需要组合设置。可以按水质、水压、水量的要求，结合室外给水系统情况并考虑技术、经济和安全条件，相互组成不同的共用给水系统，如生活-生产-消防共用给水系统、生活-消防共用给水系统、生活-生产共用给水系统、生产-消防共用给水系统。

1.1.2　室内给水系统的组成

一般情况下，建筑内部给水系统由下列各部分组成，如图1-1所示。

二维码1

给水系统组成
三维漫游模型

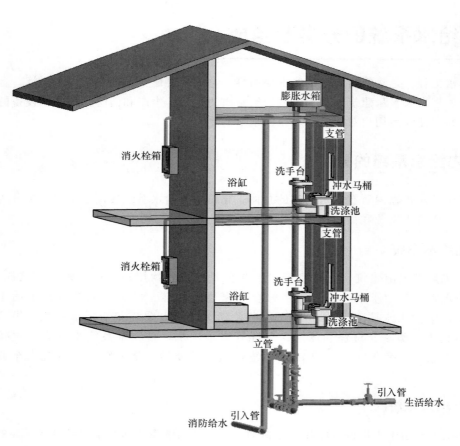

图 1-1　建筑内部给水系统的组成

1.1.2.1　引入管

引入管又称进户管，是室外的给水管网与室内给水干管之间的连接管段。引入管一般采用埋地敷设，穿越建筑物外墙或基础。对于一个建筑群体，如工厂、学校区、住宅小区等，引入管就是指总进水管。从供水的可靠性和配水平衡等方面考虑，引入管应从建筑物用水量最大处和不允许断水处引入。

1.1.2.2　水表节点

水表节点是指引入管上装设的水表及其前后设置的闸板阀、泄水装置等的总称。闸板阀用于关闭管网，以便修理和拆换水表；泄水装置用于检修时放空管网中的水、检测水表精度及测定进户点压力值；水表用于计量建筑用水量。

1.1.2.3　管道系统

管道系统包括建筑内部给水干管、立管、横支管等，系统可将水输送到各个供水区域和用水点。

1.1.2.4　给水附件

为了便于取用水、调节水量和管路维修，通常在给水管路上需要设置各种给水附件，如调节附件（闸阀、截止阀、蝶阀、止回阀和减压阀等）和配水附件（各式配水龙头、消火栓及喷头等）。

1.1.2.5　升压和储水设备

如建筑外部给水管网提供的压力不足，需要设置升压设备。升压设备是指为了增大管内水压，使管内水流能到达相应位置，并保证有足够的流出水量、水压的设备，如水泵、气压装置等。

储水设备具有储存水和稳定水压的作用，如水箱、水池等均属于储水设备。

1.1.2.6　室内消防设备

按照建筑物的防火要求及规定需要设置消防给水时，一般应设置消火栓等消防设备。有特殊要求时，还应设置自动喷水灭火或水泵灭火设备等。

1.1.2.7　给水局部处理设备

当建筑物所在地点的水质已不符合要求或建筑内部给水水质要求超出我国现行标准时，需要设置构筑物和设备进行给水深度处理。

1.2　室内给水系统的给水方式

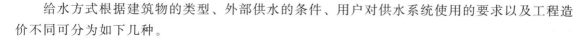

给水方式根据建筑物的类型、外部供水的条件、用户对供水系统使用的要求以及工程造价不同可分为如下几种。

1.2.1 直接给水方式

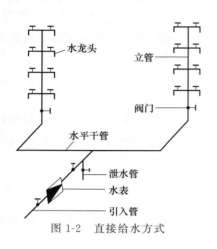

图 1-2 直接给水方式

建筑物内部只有给水管道系统，不设加压及储水设备，建筑内部给水系统与建筑外部供水管网直接相连，利用建筑外部管网压力直接向建筑内部给水系统供水，如图 1-2 所示。

优点：给水系统简单、投资少、安装维修方便，水质不易被二次污染；充分利用建筑外部管网水压，供水较为安全可靠。

缺点：系统内无储备水量，当建筑外部管网停水时，建筑内部给水系统立即断水。

适用范围：建筑外部管网水量和水压充足，能够 24h 保证建筑内部用户的用水要求。当建筑外部给水管网压力超过建筑内部用水设备允许压力时，应设置减压阀。

1.2.2 单设水箱的给水方式

建筑物内部设置给水管道系统和屋顶高位水箱，建筑内部给水系统与建筑外部给水管网直接连接。当建筑内部处于低峰用水需要时，由建筑外部给水管网直接向建筑内部给水管道供水，并且向水箱充水，以储备一定水量。当处于用水高峰建筑外部给水管网压力不足时，由水箱向建筑内部给水系统补充供水。为了防止水箱中的水回流至建筑外部管网，在引入管上必须设置止回阀。图 1-3 为单设水箱的给水方式。

优点：系统比较简单，投资较省；充分利用建筑外部管网压力供水，节省电耗；系统具有一定的储备水量；供水安全，可靠性较好。

缺点：系统设置了高水位箱，增加了建筑物的结构荷载，并给建筑物的立面处理带来一定困难。

适用范围：建筑外部管网的水压周期性不足的多层建筑中，及建筑内部用水要求水压稳定并且允许设置水箱的建筑物。也可以采用如图 1-4 所示的给水方式，即建筑物下面几层由室外管网直接供水，上面几层采用设水箱的给水方式，这样可以减小水箱的容积。

1.2.3 单设水泵的给水方式

当建筑外部管网水压经常不足而且建筑内部用水量较为均匀又用水量较大时，适于利用水泵进行加压向建筑内部给水系统供水，如图 1-5（a）所示。当建筑外部给水管网允许水泵直接吸水时，水泵宜直接从建筑外部给水管网吸水，但水泵吸水时，建筑外部给水管网的压力不得低于 100kPa（从地面算起）。工业企业、生产车间常采用这种给水方式，住宅、高层建筑等用水量比较大、用水不均匀又比较突出的建筑，或对建筑外观要求比较高、不便在上部设置水箱的建筑，可采用设水泵的给水方式。单设水泵的给水方式又分为恒速泵供水和变频调速泵供水。

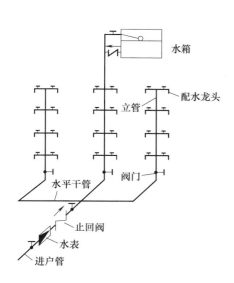

图 1-3　单设水箱的给水方式

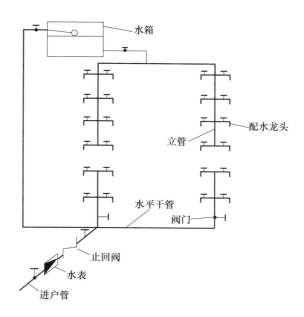

图 1-4　下层直接给水、上层设水箱的给水方式

注意，水泵直接从建筑外部给水管网吸水，会使外网压力降低，影响附近用户用水，严重时还可能造成外网负压。此外，当管道接口不严时，负压会使周围土壤中的渗漏水进入管内污染水质。因此，当采用水泵直接从室外管网抽水时，必须征得供水部门的同意。

水泵直接从建筑外部给水管网吸水，应绕水泵设旁通管，并在旁通管上设阀门，当建筑外部管网水压较大时，可停泵直接向建筑内部系统供水。在水泵出口和旁通管上应装设止回阀，以防止停泵时，建筑内部给水系统中的水发生回流。当水泵直接从建筑内部管网吸水而造成建筑外部管网压力大幅度波动，影响其他用户的用水时，则不允许水泵直接从建筑外部管网吸水，而必须设置水池。图 1-5（b）为水泵从水池吸水，供给用户，从而增强了供水的安全性。

特点：不需设调节水箱，减少能量浪费。

适用范围：室内用水量大且不均匀的建筑内。

1.2.4　设水池、水泵、水箱的联合给水方式

当建筑外部管网水压经常不能满足建筑内部给水管网所需的水压，并且不允许水泵直接从外网抽水和建筑内部用水量不均匀时，就必须设置室内贮水池。外网的水送入水池，水泵能及时从贮水池抽水，输送到室内管网和水箱（如图 1-6 所示）。

优点：贮水池和水箱起到储备水量的作用，供水安全，可靠性较好。在水箱的调节下，水泵工作稳定，工作效率高，节省电耗。

适用范围：一般用于高层建筑物。

1.2.5　设气压装置的给水方式

气压给水装置是利用密闭压力水罐内空气的可压缩性贮存、调节和压送水量的给水装

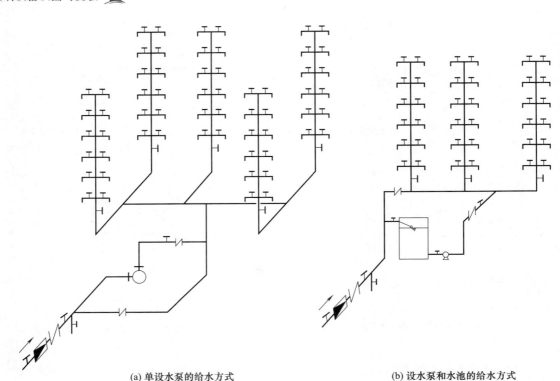

(a) 单设水泵的给水方式　　　　　　　　　　(b) 设水泵和水池的给水方式

图 1-5　设水泵的给水方式

置，其作用相当于高水位箱，如图 1-7 所示。水泵从水池或由建筑外部给水管网吸水，经加压后送至给水系统和气压水罐内，停泵时，再由气压水罐向建筑内部给水系统供水。由气压水罐调节贮存水量及控制水泵运行。

　　优点：设备可设在建筑的任何高度上，安装方便，水质不易受污染，节省投资，建设周期短，便于实现自动化。

　　缺点：由于给水压力变动较大，管理及运行费用较高，压水量较少，供水安全性较差。

　　适用范围：建筑外部管网水压经常不足，不宜设高位水箱的建筑。如建筑工地用水系统和人防工程给水系统。

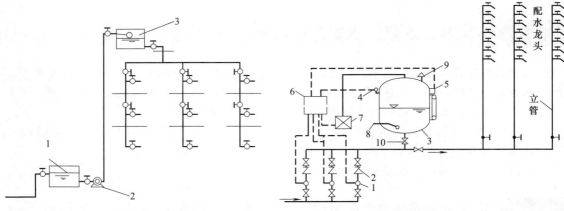

图 1-6　设水池、水泵、水箱的联合给水方式　　　图 1-7　气压给水方式

1—水池；2—水泵；3—水箱

1—水泵；2—止回阀；3—气压罐；4—压力信号器；5—液位信号器；
6—控制器；7—补气装置；8—排气阀；9—溢流阀；10—阀门

1.2.6　分区给水方式

适用于室外给水压力只能满足建筑物下层供水的建筑，尤其在高层建筑中最为常见。在高层建筑中为避免底层承受过大的静水压力，常采用竖向分区的供水方式。这种给水方式将建筑物分成上下两个供水区，上区由水泵和水池联合供水，下区由室外给水管网直接供水，如图 1-8 所示。

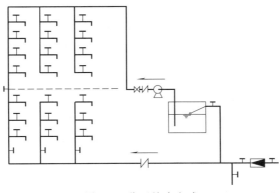

图 1-8　分区给水方式

1.3　给水管材、附件和水表

给水系统是由管材、管件、附件及设备仪表共同连接而成的，管材、管件、附件和设备仪表的选用对工程质量、工程造价和使用安全都会产生直接的影响。因此，要熟悉各种管材、管件，正确选用各种附件和设备仪表，以达到适用、经济、安全和美观的要求。

1.3.1　建筑内部给水管材的选用

选用给水管材时，首先应了解各类管材的特性指标，如耐温耐压能力、线膨胀系数、抗冲击能力、热导率及保温性能、管径范围、卫生性能等；然后根据建筑装饰标准、输送水的温度及水质要求、使用场合、敷设方式等进行技术经济比较后确定。

1.3.1.1　给水管材选用原则

（1）安全可靠性　这是建筑内部给水中最重要的原则，因为建筑内部给水是有压管，一旦爆裂将会给建筑和人民财产造成损失。管材本身以及管件的连接点要有足够的刚度和机械强度，应能经受得起振动冲击、水锤和热胀冷缩等，并能经受时间考验，不会漏水、爆裂等。

（2）经济性　在满足使用安全的前提下，花最少的钱选用管材。在比较管材质量的同时还要比较价格和施工安装费。

（3）卫生性　推向市场的管材均要符合国家标准的要求，并且要经过国家认可的检测部门出具测试报告，有出厂合格证方能使用。制造管材使用的原材料、改性剂、助剂和添加剂等应保证饮用水水质不受污染。

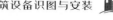

（4）可持续发展　任何一种管材能被接受，其中很重要的原因是在于它能否被回收重复利用和能否不产生新的污染。

例如：埋地给水管道采用的管材应具有耐腐蚀和承受相应地面荷载的能力，可采用塑料给水管、有衬里的铸铁给水管、经可靠防腐处理的钢管。室内给水管道应选用耐腐蚀和安装连接方便可靠的管材，可采用塑料给水管、塑料和金属复合管、铜管、不锈钢管及经可靠防腐处理的钢管。

1.3.1.2　管材规格的表示

无缝钢管、铜管、不锈钢管及其管件的规格通常用符号"D"或"ϕ"表示外径，外径数字写于其后，再乘以壁厚。如 $D133 \times 4$ 或 $\phi133 \times 4$，即表示该管外径为 133mm、壁厚为 4mm。

镀锌钢管、铸铁管及其管件的规格通常用符号"DN"表示其公称直径，如 $DN15$、$DN25$ 等。公称直径是一种标准化直径，又叫名义直径，它既不是内径，也不是外径。

钢筋混凝土管、陶土管、耐酸陶瓷管、缸瓦管的管径以内径 d 表示。各种新型管材及其管件的规格通常用符号"$D\omega$"表示公称外径，外径数字写于其后，再乘以壁厚。例如，PB 管的外径是 16mm，壁厚是 3mm，表示为 $D\omega16 \times 3$。

1.3.2　给水管材的种类

根据制造工艺和材质的不同，管材有很多种。按材质的不同，管材可分为黑色金属管（钢管、铸铁管）、有色金属管（铜管、铝管）、非金属管（混凝土管、钢筋混凝土管）、塑料管（钢塑管、铝塑管）等。目前应用较多的建筑内部金属给水管材主要有镀锌钢管、不锈钢管、给水铝塑复合管和给水铜管等。当给水排水管道需要连接、分支、转弯、变径时，对不同的管道，要采用不同材质的管件。下面重点介绍建筑给水中所用的主要管材品种。

1.3.2.1　钢管

钢管按制造方法分为焊接钢管、无缝钢管等。

（1）焊接钢管　焊接钢管又称有缝钢管，按表面处理方式的不同分为普通焊接钢管（黑铁管）和镀锌焊接钢管（白铁管）。其中，镀锌钢管强度高、抗震性能好，是我国生活饮用水给水系统采用的主要管材。但其内壁易生锈、结垢，滋生细菌、微生物等有害杂质，使自来水在输送途中被二次污染，因此我国从 2000 年 6 月 1 日起规定在城镇新建住宅生活给水系统中禁用镀锌钢管。目前镀锌钢管主要用于煤气管道、消防给水管道、卫生器具排水支管及生产设备的非腐蚀排水支管。焊接钢管的连接方式有焊接、螺纹连接、法兰连接和卡箍连接等，镀锌钢管应尽量避免焊接。

（2）无缝钢管　无缝钢管是将普通碳素钢、优质碳素钢或低合金钢用热轧或冷轧制造而成，其外观特征是纵横向均无焊缝，常用于满足各种高温、高压、低温等相对要求比较高的介质输送。采用低合金钢轧制而成的合金钢管用于各种加热炉工程、锅炉耐热管道及过热器管道等。在民用安装工程中，无缝钢管一般用于采暖主干管和煤气主干管等，给排水工程使用较少。无缝钢管在同一外径下往往有几种壁厚，其规格一般采用"外径 D × 壁厚"表示，如 $D20 \times 2.5$，表示的是外径为 20mm、壁厚为 2.5mm。无缝钢管通常采用螺纹连接、焊接或法兰连接。

1.3.2.2　铜管

铜管属于有色金属管，它的规格常用"外径 $\phi \times$ 壁厚"表示，如 $\phi 42 \times 2$，表示该管的外径为 42mm、壁厚为 2mm。

铜管又称紫铜管，是压制的和拉制的无缝管。铜管具备坚固、重量较轻、导热性好、低温强度高、耐腐蚀的特性，常用于生活水管道，供热、制冷管道，也用于制氧设备中装配低温管路。直径小的铜管常用于输送有压力的液体（如润滑系统、油压系统等）和用作仪表的测压管等，但由于管材价格较高，多用于宾馆等较高级的建筑之中。

生活水、供热等铜管的连接方式通常采用螺纹连接、焊接。

1.3.2.3　给水铸铁管

给水铸铁管的优点是耐腐蚀性强、使用寿命长、价格较低，缺点是质脆、重量大、长度小、加工和安装难度大、不能承受较大的动荷载。我国生产的给水铸铁管有低压（0～0.5MPa）给水铸铁管、普压（0.5～0.7MPa）给水铸铁管和高压（0.7～1.0MPa）给水铸铁管三种。建筑内部给水管道一般采用普压给水铸铁管。铸铁管常用公称直径"DN"表示，如 $DN200$，表示该管的公称直径为 200mm。

离心球墨给水铸铁管是市政和居住小区目前常采用的新型给水管材，其用离心铸造工艺生产，材质为球墨铸铁。它具有铁的本质、钢的性能，强度高，韧性好，耐腐蚀，是传统铸铁管和普通钢管的更新换代产品。

铸铁管通常采用卡箍、承插式或法兰盘式等连接形式。

1.3.2.4　塑料管

塑料是现代经济发展过程中可实现"减量化、再利用、资源化"的重要材料，其加工成型是无污染排放、低消耗、高效率的过程，绝大部分塑料使用后能够被回收再利用，是典型的资源节约、环境友好型材料。塑料产品发展迅速，2017 年我国塑料制品行业累计产量 7515.5 万吨，与去年同期相比增长了 3.4%。塑料管道在各类管道中市场占有率达 50% 以上，预计在未来几年内，塑料产品将会以 10% 的增速发展。

常用的塑料管有硬聚氯乙烯（UPVC）管、高密度聚乙烯（PE-HD）管、交联聚乙烯（PEX）管、聚丙烯（PP）管、聚丁烯（PB）管、丙烯腈-丁二烯-苯乙烯（ABS）管等。它们的化学性能稳定，耐腐蚀；管壁光滑，水头损失小；重量轻，容易切割，加工安装方便，还可制造成各种颜色。但强度较低，膨胀系数较大，易受温度影响。目前，已有专供输送热水使用的塑料管，其使用温度可达 95℃。

塑料管的连接方法一般有螺纹连接（其配件为注塑制品）、焊接（热空气焊、热熔焊、电熔焊）、法兰连接、螺纹卡套压接、承插连接、胶粘连接等。

1.3.2.5　复合管

复合管材是以金属管材为基础，内、外焊接聚乙烯、交联聚乙烯等非金属材料成型，具有金属管材和非金属管材的优点。目前市场较普遍的有钢塑复合管、铝塑复合管、铜塑复合管等。

（1）钢塑复合管　钢塑复合管是在钢管内壁衬（涂）一定厚度的塑料层复合而成的管材。按塑料与基体结合的工艺又可分为衬塑复合钢管和涂塑复合钢管两种。衬塑复合钢管是在传统的输水钢管中插入一根薄壁的 PVC 管，两者紧密结合就成了 PVC 衬塑钢管；涂塑复合钢管是以普通碳素钢管为基材，将高分子 PE 粉末熔融后均匀地涂敷在钢管内壁，使之塑化后形成光滑、致密的塑料涂层。

钢塑复合管兼备了金属管材的强度高、耐高压、能承受较强的外来冲击力和塑料管材的耐腐蚀、不结垢、热导率低、流体阻力小等优点，但需在工厂预制，不宜在施工现场切割，可广泛应用于石油、天然气、给水管、排水管等各种领域。其规格常用公称直径"DN"表示，如DN100，表示该管的公称直径为100mm。连接方式主要有螺纹连接、沟槽式连接、法兰连接等。

（2）铝塑复合管（PE-Al-PE或PEX-Al-PEX） 铝塑复合管是通过挤出成型工艺制造出的新型复合管材，它由聚乙烯层-胶合层-铝合金层-胶合层-聚乙烯层共五层结构构成，具有聚乙烯塑料管耐腐蚀性好和金属管耐高压的优点。铝塑复合管可以分为三种型号：A型，耐温不大于60℃；B型，耐温不大于95℃；C型，输送燃气用。铝塑复合管按聚乙烯材料不同分为两种：适用于热水的交联聚乙烯铝塑复合管和适用于冷水的高密度聚乙烯铝塑复合管。铝塑复合管采用夹紧式配件连接，主要用于建筑内配水支管和热水器管，价格较贵。

（3）铜塑复合管 铜塑复合管是一种新型的管材，由外层为热导率低的塑料、内层为稳定性极高的铜管复合而成，从而综合了塑料及铜管的优点，具有良好的保温性能及耐腐蚀性能，有配套的铜制管件，连接方便快捷，但造价较高，主要用于高级宾馆热水供应系统。

1.3.3 管件与管道连接

1.3.3.1 管件

管件是管道系统中起连接、控制、变向、分流、密封、支撑等作用的零部件的统称。大多采用与管子相同的材料制成。

管件按用途可分为用于连接的管件（法兰、活接、管箍、卡套等），改变管子方向的管件（弯头、弯管等），改变管子管径的管件［变径（异径）管、异径弯头等］，增加管路分支的管件（三通、四通等），用于管路密封的管件（堵头、盲板等），用于管路固定的管件（拖钩、支架、管卡等）；按连接方法可分为承插式管件、螺纹管件、法兰管件和焊接管件等；按材料可分为金属管件、非金属管件、复合管管件等。常用管件如图1-9所示。

二维码2

管件动画模型

(a) 弯头

(b) 三通

(c) 四通

(d) 补芯　　　　(e) 异径管　　　　(f) 法兰　　　　(g) 松套法兰

(h) 存水弯　　　　(i) 管箍　　　　(j) 内接丝　　　　(k) 内外丝扣弯头

(l) 沟槽管件　　　　(m) 法兰堵板　　　　(n) 卡套接头　　　　(o) 沟槽法兰

(p) 固定管箍　　　　(q) 检查口　　　　(r) 固定管卡　　　　(s) 沟槽四通

活接头垫片

(t) 活接头

图 1-9　常用管件

1.3.3.2 管材的常用连接方法

管道连接是指按照图纸和有关规范、规程的要求，将管子与管子或管子与管件、阀门等连接起来，使之形成一个严密的整体，以达到使用的目的。管道连接方式有很多种，常用的有螺纹连接、焊接、法兰连接、卡箍连接、承插连接等。

（1）螺纹连接　螺纹连接是通过管子上的内外螺纹将管子与带外内螺纹的管件、阀件和设备连接起来的方法，简称"丝接"。为了增加连接的严密性，在连接前应在带有外螺纹的管头或配件上按螺纹方向缠以适量的麻丝或者胶带等。螺纹连接一般用于公称直径在 150mm 以下、工作压力 1.6MPa 以内的低压水、煤气、蒸汽等管道。管道螺纹连接应留 2～3 牙螺尾。

二维码13

管道与管件
连接动画

管螺纹的加工也称套丝，有手工套丝和机械套丝两种方法。手工套丝是使用管子绞板套出螺纹。套丝时，应选择与管子规格相应的板牙，在套丝过程中应向板牙上加机油润滑，使板牙保持润滑和冷却，保证螺纹质量和防止烂牙。为了操作省力及防止板牙过度磨损，一般在加工 DN25 以下螺纹时分 1～2 次套成，DN32 以上应分 2～3 次套成。机械套丝一般采用套丝机，有时也利用车床车制螺纹。使用套丝机时要注意套丝机的转速，宜在低速下工作，螺纹的切削应分 2～3 次进行，切不可一次套成，以免损坏板牙或产生烂牙。室内给水管道应用镀锌配件，镀锌钢管必须用螺纹连接。螺纹连接多用于明装管道。

（2）焊接　焊接后的管道接头紧密、不漏水，施工迅速，安全可靠、经久耐用，不需要配件，造价相对较低，维修费用也低，但无法像螺纹连接那样方便拆卸。焊接只能用于非镀锌钢管，因为镀锌钢管焊接时锌层遭到破坏会加速锈蚀。焊接多用于暗装管道。焊接工艺有气焊、手工电弧焊、手工氩弧焊、埋弧自动焊、钎焊等多种。各种有缝钢管、无缝钢管、铜管、铝管等都可以采用焊接连接。

（3）法兰连接　法兰连接是指将垫片放入一对固定在两个管口上的法兰或一个管口法兰一个带法兰阀门的中间，用螺栓拉紧使其紧密结合起来的一种可以拆卸的接头。主要用于管子与管子、管子与带法兰的配件（如阀门）或设备的连接以及管子需经常拆卸部件的连接。法兰连接一般用于闸阀、止回阀、水泵、水表等连接处，以及需要经常拆卸、检修的管段。一般用在管径大于 DN50 的管道上。

（4）卡箍连接　对于较大管径，用螺纹连接较困难且不允许焊接时，一般采用卡箍连接。连接时两管口端应平整无缝隙，沟槽应均匀，卡紧螺栓后，管道应平直，卡箍的安装方式应一致。

（5）承插连接　承插连接主要用于带承插接头的管材，分为刚性承插连接和柔性承插连接两种。刚性承插连接是将管道的插端插入管道的承插口，对位后先用嵌缝材料嵌缝，然后用密封材料密封，使之成为一个牢固的封闭管。柔性承插连接是在管道承插口的止封口处放入富有弹性的橡胶圈，然后施力将管道的插端插入，形成一个能适应一定范围内的位移和震动的封闭管。

1.3.4 管道附件

管道附件是给水管网系统中起调节水量、水压，控制水流方向和通断水流等作用的各类装置的总称。管道附件分为配水附件、控制附件和其他附件三类。

1.3.4.1　配水附件

配水附件是指为各类卫生洁具或受水器分配或调节水流的各式水龙头（或阀件），是使用最为频繁的管道附件，其应满足节水、耐用、通断灵活、美观等要求。

（1）旋启式水龙头　旋启式水龙头是曾普遍用于洗涤盆、污水盆、盥洗槽等卫生器具的配水附件，由于密封橡胶垫的磨损容易造成滴、漏现象，我国已禁用普通旋启式水龙头，以陶瓷芯片水龙头代之。

（2）陶瓷芯片水龙头　陶瓷芯片水龙头采用精密的陶瓷片作为密封材料，由动片与定片组成，通过手柄的水平旋转或上下提压使动片与定片之间发生相对位移，从而启闭水源。该水龙头使用方便，但水流阻力较大。

（3）旋塞式水龙头　旋塞式水龙头的手柄旋转90°即完全开启，可在短时间内获得较大流量，由于启闭迅速，容易产生水击，故一般设在开水间、浴池、洗衣房等压力不大的给水设备上。

（4）混合水龙头　混合水龙头通过控制冷水与热水流量来调节水温，作用相当于两个水龙头。混合水龙头一般安装在洗脸盆、浴盆等卫生器具上，使用时，手柄上下移动可控制流量，左右偏转可调节水温。

（5）延时自闭水龙头　延时自闭水龙头主要用于酒店及商场等公共场所的洗手间，使用时将按钮下压，每次开启持续一定时间后，靠水的压力及弹簧的增压来自动关闭水流。

（6）自动控制水龙头　自动控制水龙头根据光电效应、电容效应、电磁感应等原理自动控制自身的启闭，常用于建筑装饰标准较高的盥洗、淋浴、饮水等的水流控制。

1.3.4.2　控制附件

控制附件是用于调节水量、水压，关断水流，控制水流方向和水位的各式阀门。控制附件应满足性能稳定、操作方便、便于自动控制、精度高等要求。安装工程中的控制附件主要是阀门，阀门是流体管路的控制装置，在安装工程中发挥着重要作用。

（1）闸阀　闸阀是指启闭体（阀板）由阀杆带动阀座密封面做升降运动的阀门，可接通或截断流体的通道，如图 1-10 所示。当阀门部分开启时，在闸板背面产生涡流，易引起闸板的侵蚀和震动，也易损坏阀座密封面。闸阀通常适用于不需要经常启闭，而且保持闸板全开或全闭的工况，不适用于作为调节或节流使用。

二维码4

阀门动画

闸阀在管路中主要用于切断，一般直径 $DN \geqslant 50mm$ 的切断装置多选用它。闸阀具有流体阻力小、开闭所需外力较小、介质的流向不受限制、体形比较简单、铸造工艺性较好等优点，缺点是外形尺寸和开启高度都较大、开闭过程中密封面间的相对摩擦易引起擦伤现象。

（2）截止阀　截止阀是关闭件（阀瓣）沿阀座中心线移动的阀门，如图 1-11 所示。截止阀的主要作用是切断，也可调节一定的流量。截止阀具有开启高度小、只有一个密封面、制造工艺好、便于维修的优点，缺点是流体阻力大、安装具有方向性。截止阀使用较为普遍，一般用于 $DN \leqslant 200mm$ 的管道。

（3）球阀　球阀是启闭件（球体）由阀杆带动，并绕阀杆的轴线做旋转运动的阀门，如图 1-12 所示。球阀在管路中主要用于切断、分配和改变介质的流动方向。球阀具有流动阻力小、结构简单、密封性好、操作方便、开闭迅速、维修方便等优点，缺点是高温时启闭困难、水击严重、易磨损。

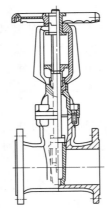

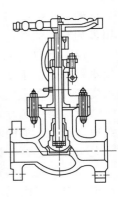

图 1-10　闸阀　　　　　　　　　　　　　　　图 1-11　截止阀

　　（4）蝶阀　蝶阀又叫翻板阀，是指关闭件（阀瓣或蝶板）圆盘，围绕阀轴旋转来达到开启与关闭的一种阀，在管道上主要起切断和节流作用，如图 1-13 所示。它主要由阀体、阀杆、蝶板和密封圈组成，是一种结构简单的调节阀，同时也可用于低压管道介质的开关控制。蝶阀具有启闭方便迅速、省力、流体阻力小、结构简单、外形尺寸小等优点，适用于输送各种腐蚀性、非腐蚀性流体介质的管道，用于调节和截断介质的流动。其主要缺点是蝶板占据一定的过水断面，会增大水头损失，且易挂积杂物和纤维。

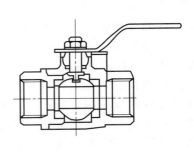

图 1-12　球阀

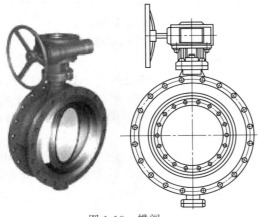

　　（5）止回阀　止回阀又称单向阀或逆止阀，是启闭件（阀瓣或阀芯）依靠介质作用力自动阻止介质逆流的阀门。其一般安装在引入管、密闭的水加热器或用水设备的进水管、水泵出水管、进出水管合用一条管道的水箱（塔、池）的出水管段上。止回阀按结构形式分为升降式、旋启式、蝶式三类，如图 1-14～图 1-16 所示。常用的止回阀有消音止回阀、多功能水泵控制阀、倒流防止器、底阀等。

图 1-13　蝶阀

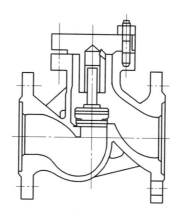

图 1-14　升降式止回阀

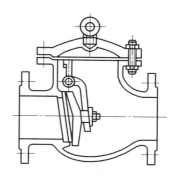

图 1-15　旋启式止回阀

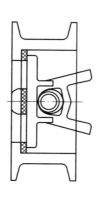

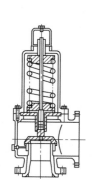

图 1-16　蝶式止回阀

图 1-17　安全阀

（6）安全阀　安全阀是一种安全保护用阀，可以防止系统内部压力超过预定的安全值，如图 1-17 所示。它不需要借助任何外力，利用介质本身的力量即可排出额定数量的流体。当压力恢复正常时，阀门再行关闭并阻止介质继续流出。安全阀的泄流量很小，主要用于释放压力容器因超温引起的超压。

（7）减压阀　当给水管网的压力高于配水点允许的最高使用压力时，应设置减压阀，给水系统中常用的减压阀有比例式减压阀和可调式减压阀两种。比例式减压阀用于阀后压力允许波动的场合，应垂直安装，减压比不宜大于 3∶1；可调式减压阀用于阀后压力要求稳定的场合，应水平安装，阀前与阀后的最大压差不应大于 0.4MPa。

在供水保证率要求高、停水会引起重大经济损失的给水管道上设置减压阀时，宜采用两个减压阀，并联设置，一个使用一个备用，但不得设置旁通管，减压阀后配水件处的最大压力应按减压阀失效情况进行校核，其压力不应大于配水件产品标准规定的试验压力。减压阀前宜设置管道过滤器。

（8）泄压阀　该阀与水泵配套使用，主要安装在供水系统中的泄水旁路上，可保证供水系统的水压不超过主阀上导阀的设定值，确保供水管路、阀门及其他设备的安全。当给水管网存在短时超压情况，且短时超压会引起使用不安全时，应设置泄压阀。泄压阀的泄流量大，应连接管道排入非生活用水水池；若直接排放，则应有消能措施。

（9）浮球阀　该阀广泛用于水箱、水池、水塔的进水管路中，通过浮球的调节作用来维持水位。当充水到既定水位时，浮球随水位浮起，关闭进水口，防止溢流；当水位下降时，浮球下落，进水口开启。为保障进水的可靠性，一般采用两个浮球阀并联安装的方式，在浮球阀前应安装检修用的阀门。

1.3.4.3　其他附件

在给水系统中经常需要安装一些保障系统正常运行、延长设备使用寿命和改善系统工作性能的附件，如管道过滤器、倒流防止器、水锤消除器、排气阀、排泥阀、可曲挠橡胶接头、伸缩器、Y 形过滤器、阻火圈、套管等。

（1）管道过滤器　管道过滤器安装在水泵吸水管、水加热器进水管、换热装置的循环冷却水进水管上，以及进水总表、住宅进户水表、减压阀、自动水位控制阀、温度调节阀等仪表、阀件前，用于除去液体中的少量固体颗粒，可以使设备免受杂质的冲刷、磨损、淤积和堵塞，保证设备正常运行。

（2）倒流防止器　倒流防止器由进口止回阀、自动漏水阀和出口止回阀组成。阀前水压不小于 0.12MPa 才能保证水正常流动，当管道出现倒流防止器出口端压力高于进口端压力时，只要止回阀无渗漏，泄水阀就不会打开泄水，管道中的水也不会出现倒流；当两个止回阀中有一个发生渗漏时，自动泄水阀就会泄水，防止倒流的发生。

（3）水锤消除器　水锤消除器用于高层建筑物内消除因阀门或水泵快速开、闭所引起的管路中压力骤然升高的水锤危害，即减少水锤压力对管路及设备的破坏。水锤消除器可安装在水平、垂直甚至倾斜的管路中。

（4）排气阀　排气阀用来排除积聚在管中的空气，以提高管线的使用效率。自动排气阀一般设置在间歇性使用的给水管网末端和最高点、自动补气式气压给水系统配水管网的最高点、给水管网有明显起伏且可能积聚空气的管段的峰点。

（5）排泥阀　排泥阀又名盖阀，是一种由液压源作执行机构的角式截止阀类阀门。排泥阀通常成排安装在沉淀池底部外侧壁，用来排除池底沉淀的泥沙和污物，常用于城市水厂和污水处理厂。排泥阀为角型结构，内部采用尼龙强化橡胶隔膜，可供长期使用。

（6）可曲挠橡胶接头　可曲挠橡胶接头由织物增强的橡胶件与活接头或金属法兰组成。可曲挠橡胶接头的作用是隔振和降噪吸声，以及便于附件的安装和拆卸。住宅建筑的每户给水支管宜装设一个家用可曲挠橡胶接头，以克服因静压过高、水流速度过大而引起管道接近共振所产生的颤动和噪声。在减压阀前或后宜装设可曲挠橡胶接头，以利于减压阀的安装和拆卸。

（7）伸缩器　伸缩器可在一定范围内轴向伸缩，从而补偿因管道对接不同轴而产生的偏移。

（8）Y 形过滤器　Y 形过滤器是输送介质的管道系统不可缺少的一种过滤装置，Y形过滤器通常安装在减压阀、泄压阀、水表或其他设备的进口端，用来清除介质中的杂质，以保护阀门及设备的正常使用。Y 形过滤器具有结构先进、阻力小、排污方便等特点。

（9）阻火圈　阻火圈是由金属材料制作外壳，内填充阻燃膨胀芯材，套在硬聚氯乙烯管道外壁，固定在楼板或墙体部位，火灾发生时芯材受热迅速膨胀，挤压 UPVC 管道，在较短时间内封堵管道穿洞口，阻止火势沿洞口蔓延。

（10）套管　套管分为一般刚套管、刚性防水套管、柔性防水套管等。一般刚套管适用于穿楼板层或墙壁不需要防水密封的管道；刚性防水套管适用于管道穿墙处不承受管道振动和伸缩变形的构（建）筑物，用于一般管道穿墙，利于墙体的防水；柔性防水套管适用于管道穿墙处承受振动、管道有伸缩变形或有严密防水要求的构（建）筑物，如和水泵连接的管道穿墙。

1.3.5　水表

1.3.5.1　水表的类型

水表是一种计量用户用水量的仪表。建筑给水系统中广泛应用的是流速式水表。其计量用水量的原理是当管径一定时，通过水表的流量与水流速度成正比。水表计量的数值为累计值。

按叶轮构造的不同，流速式水表可分为旋翼式水表和螺翼式水表，如图 1-18 和图 1-19 所示。旋翼式水表的叶轮轴与水流方向垂直，水流阻力大，计量范围小，多为小口径水表，宜用于测量较小水流的水量。螺翼式水表的叶轮轴与水流方向平行，水流阻力小，多为大口径水表，宜用于测量较大水流的水量。

图 1-18　旋翼式水表　　　　　　　　　　图 1-19　螺翼式水表

按计数机件所处状态的不同，流速式水表又分为湿式水表和干式水表。湿式水表的计数和表盘均浸没于水中，在计数盘上装有一块厚玻璃（或钢化玻璃）用于承受水压。湿式水表具有结构简单、计量较准确、不易漏水等优点，但如果水质浊度高，将降低水表精度，产生磨损而缩短水表寿命。因此，湿式水表宜用于水中不含杂质的管道上。干式水表的计数机件用金属圆盘与水隔开，其构造相对复杂一些。此外，水表按水流方向的不同，还可分为立式水表和水平式水表；按适用介质温度的不同，分为冷水表和热水表。

1.3.5.2 水表的性能参数

（1）流通能力 流通能力是指水流通过水表产生 10kPa 水头损失时的流量值。

（2）特性流量 特性流量是指水流通过水表产生 100kPa 水头损失时的流量值，此值为水表的特性指标。

（3）最大流量 最大流量是指只允许水表在短时间内承受的上限流量值。

（4）额定流量 额定流量是指水表可以长时间正常运转的上限流量值。

（5）最小流量 最小流量是指水表能够开始准确指示的流量值，是水表正常运转的下限值。

（6）灵敏度 灵敏度是指水表能够开始连续指示的流量。

1.3.5.3 流速式水表的选用

（1）水表类型的确定 确定水表类型时，应当考虑的因素有水温、工作压力、水量大小及其变化幅度、计量范围、管径、工作时间、单向或正逆向流动、水质等。当管径 $DN \leqslant$ 50mm 时，应采用旋翼式水表；当管径 $DN > 50mm$ 时，应采用螺翼式水表；当流量变化幅度很大时，应采用复式水表（复式水表是旋翼式和螺翼式的组合形式）；计量热水时，宜采用热水水表。一般应优先采用湿式水表。

（2）水表口径的确定 水表口径宜与给水管道接口管径一致，通过水表的设计流量应不大于水表的额定流量，设计流量通过水表所产生的水头损失应接近但不超过允许水头损失值。若用水量均匀（如工业企业生活间、公共浴室、洗衣房等），则应按该系统的设计流量不超过水表的额定流量来确定水表口径；若用水量不均匀（如住宅、集体宿舍、旅馆等）且高峰流量每昼夜不超过 3h，则应按该系统的设计流量不超过水表的最大流量来确定水表口径，同时水表的水头损失不应超过允许值；若设计对象为生活（生产）与消防共用的给水系统，则选定水表时，不包括消防流量，但应加上消防流量复核，使其总流量不超过水表的最大流量限值，且水头损失不超过允许值。

（3）水表水头损失的计算 水表选定后，可按式（1-1）计算水表的水头损失。

$$H_B = Q_B^2 / K_B \tag{1-1}$$

$$K_B = Q_t^2 / 100 \tag{1-2}$$

式中，H_B 为水流通过水表时的水头损失，kPa；Q_B 为通过水表的流量，m^3/h；K_B 为水表特性系数；Q_t 为水表特性流量，m^3/h；100 为水表通过特性流量时的水头损失值，kPa。

1.4 给水升压和贮水设备

1.4.1 水泵

1.4.1.1 水泵的定义

水泵是输送液体或使液体增压的机械。水泵根据不同的工作原理可分为容积泵、叶片泵和其他等类型。容积泵是利用其工作室容积的变化来传递能量；叶片泵是利用回转叶片与水的相互作用来传递能量，有离心泵、轴流泵和混流泵等类型。

水泵是给水系统中的主要升压设备。在建筑内部的给水系统中，一般采用离心式水泵，它具有结构简单、体积小、效率高、流量和扬程在一定范围内可以调整等优点。衡量水泵性能的技术参数有流量、吸程、扬程、轴功率、水功率、效率等。

二维码5

水泵动画

1.4.1.2　水泵的选择

水泵型号应根据水泵装置所需的流量和扬程来确定。

选择水泵时，应以节能为原则，使水泵在给水系统中大部分时间保持高效运行。当采用设水泵-水箱的给水方式时，通常水泵直接向水箱输水，水泵的出水量、扬程几乎不变，选用离心式恒速水泵即可保持高效运行。对于无水量调节设备的给水系统，在电源可靠的条件下，可选用装有自动调速装置的离心式水泵。

对生活给水，一般按建筑物的重要性设置备用泵一台；对小型民用建筑允许短时间停水的，可不用设置备用水泵；对生产及消防给水，水泵的备用台数应按生产工艺要求及相关防火规定确定。

1.4.1.3　水泵管路的设置

（1）管路的敷设　吸水管路和压水管路是泵房的重要组成部分，正确设计、合理布置与安装对于保证水泵的安全运行、节省投资和减少电耗可起到重要的作用。

为保证水泵正常运行，对于吸水管路的基本要求是不漏气、不积气、不吸气。但在实际管路布置及施工时往往忽视了某些局部的做法，导致水泵不能正常运行。对于压水管路的基本要求是耐高压、不漏水、供水安全、安装及检修方便。

（2）管路附件的装设　每台水泵的出水管上应装设压力表、止回阀和阀门。符合多功能阀安装条件的出水管，可用多功能阀取代止回阀和阀门，必要时应设置水锤消除装置。自灌式吸水的水泵吸水管上应装设阀门，并宜装设管道过滤器。吸入式水泵的吸水管上应安装真空表，出水管可能滞留空气的管段上方应设排气阀。水泵直接从室外给水管网吸水时，应在吸水管上装设阀门和压力表，并应绕水泵设旁通管，旁通管上应装设阀门和止回阀。

水泵吸水管上的阀门平时常开，仅在检修时关闭，因此宜选用手动阀。出水管上的阀门启闭比较频繁，因此应选用电动阀门、液动阀门或气动阀门。

（3）水泵的安装　建筑物的水泵间应光线充足，净高不小于3.2m，通风良好，干燥不冻结，并有排水措施。为保证安装检修方便，水泵之间、水泵与墙壁之间应留有足够的距离。水泵机组的基础侧边之间，以及基础侧边至墙壁的距离不得小于0.7m。对于电动机功率不大于20kW或吸水口直径不大于100mm的小型水泵，两台同型号的水泵机组可共用一个基础，基础的一侧与墙壁之间可不留通道。不留通道的机组凸出部分与墙壁之间的净距及相邻基础的凸出部分的净距，不得小于0.2m。水泵机组的基础端边之间和至墙壁的距离不得小于1.0m，电动机端边至墙壁的距离还应保证能抽出电动机转子。水泵机组的基础至少应高出地面0.1m。为减小水泵运行时振动所产生的噪声，在水泵及其吸水管、出水管上均应设隔振装置，通常在水泵机组的基础下设橡胶弹簧减震器或橡胶隔振垫，在吸水管、出水管上装设可曲挠橡胶接头等装置。

1.4.2 贮水池

1.4.2.1 贮水池的设置

贮水池是贮存和调节水量的构筑物。存在以下情况之一时，应设置贮水池，使水泵从贮水池中抽水：水源不可靠，水量或水压不能满足室内用水要求，又不允许间断供水；水源不能满足最大小时供水量，但设置其他设备不可能或不经济；水源为定时供水；根据防火规范的规定必须设置消防水池，市政管理部门不允许水泵直接从城市给水管网抽水。

1.4.2.2 贮水池的类型

贮水池可设置成生活用水贮水池、生产用水贮水池、消防用水贮水池，或者是生活与生产、生活与消防、生产与消防、生产与消防及生活合用的贮水池。贮水池的形状有圆形、方型、矩形及根据实地情况所制的异形。贮水池一般采用钢筋混凝土结构，小型贮水池也可采用金属、玻璃钢等材料。

1.4.2.3 贮水池的设置要求

贮水池一般设置在建筑物内，可以设置在地下室、半地下室，也可以设置在比较高的位置。设置贮水池时应注意防止水质污染现象，保证安全供水，还应便于维护和检修。一般应注意以下几点。

① 生活贮水池应远离化粪池、厕所、厨房等构筑物或场所，与化粪池的净距离不应小于 10m。当净距离不能保证大于 10m 时，应采取措施保证生活用水不被污染，如提高生活贮水池的标高，或改变化粪池池壁的材料、加强化粪池的防渗漏措施等。

② 当贮水池设在建筑物内时，不应利用建筑物的本底结构作为生活水池的池壁和池底，以防产生裂缝污染水质。

③ 水池的进水管和出水管应布置在相对位置，以保证池水能循环，避免水流短路而使水质恶化，当水池比较大时，应设置导流墙（板）等，以保证不出现滞水区。

④ 贮水池宜分成两格，能独立工作和分别泄空，以便于水池的清洗和事故时检修，且两池间应设置连通管，并在连通管上设置阀门。

⑤ 水池应设置进水管、出水管、溢流管、泄水管、水位指示、通风换气、检修人孔等装置。溢流管的管径应比进水管大一级，溢水喇叭口的上缘应高出最高水位 30～50mm，溢流管上不得安装阀门。泄水管的管径按 2h 内池内存水全部泄空进行计算，但最小管径不得小于 100mm。溢流管、泄水管不得与污水管直接连接，排入排水系统时应有防止回流污染的措施。溢流管、通气管等的末端应加设防虫网罩。

⑥ 贮水池宜设吸水坑，吸水坑的深度不宜小于 1m，池底应有不小于 0.005 的坡度坡向吸水坑。

⑦ 贮水池设在室内时，池顶板距建筑顶板底的高度应满足检修人员出入的需要，一般不宜小于 1.5m。

1.4.3 ▶ 水箱

1.4.3.1 水箱的设置

　　水箱起稳压、贮存水量的作用，有时也起增压或减压的作用。有下列情况时，宜设置给水水箱：城市给水管网的水压周期性或经常性不能满足室内用水要求；室内给水管网对水压稳定性要求比较高或需要恒压供水；需要贮存事故水量、消防水量；高层建筑供水系统竖向分区。

　　设置水箱的给水方式的优点是：一般系统比较简单，水箱可设计成自动控制水位，管理方便；水箱有一定的调节容积，能利用重力自动供水；在夜间或用水低峰时可利用室外管网的水压直接为水箱充水，当用水高峰，室外管网压力不足时，由水箱补充外网的不足，缓解城市供水管网在用水高峰时出现的供需矛盾，起"削峰"作用，保证供水的可靠性。

　　设置水箱的给水方式的缺点是：水箱设计不当、管理不当会造成水质的二次污染；水箱位于建筑物的上部，对结构抗震不利，增加建筑物的结构荷载，占用一定的建筑面积，建筑立面如处理不好，会影响建筑物的美观；水箱设置在建筑物的顶部，防冻抗寒能力差，顶层用户的水压不足，会影响燃气热水器、自闭式冲洗阀以及瓷片式、轴筒式、球阀式水龙头的正常使用，如浮球阀选用不当，会因溢流造成水量损失。

1.4.3.2 水箱的类型

　　按不同用途，水箱可分为高位水箱、减压水箱、冲洗水箱、断流水箱等多种类型，其形状多为矩形和圆形，制作材料有钢板、钢筋混凝土、不锈钢、玻璃钢和塑料等。目前，玻璃钢水箱用得较多，因为玻璃钢水箱重量轻、强度高、耐腐蚀、安装维修方便，大容积的水箱可以现场组装。钢筋混凝土水箱造价低，适用于大型水箱，但重量大，管道连接处理不好容易漏水。

1.4.3.3 水箱的设计要求

　　为保证给水系统的安全可靠，防止水质的二次污染，给水水箱的设计一般应符合以下要求。

　　① 当水箱的容量超过 $50m^3$ 时，宜设计成为两个或分成两格。

　　② 水箱的有效水深不小于 0.7m，也不宜大于 2.5m。

　　③ 水箱的进、出水管应相对和分别设置。

　　④ 水箱的箱底应有不小于 0.005 的坡度坡向水箱的泄水管口。

　　⑤ 人孔盖应密闭加锁，而且应高出水箱顶板面 100mm 以上。人孔的尺寸应满足检修人员和箱内配件等的进出要求，一般人孔的直径不小于 700mm。检修人孔的顶面至建筑物顶板的距离，不宜小于 1.5m，以方便检修人员进出人孔。

　　⑥ 水箱应布置在便于维护管理、通风和采光良好、不受污染、有利于管道布置的位置，水箱间的温度应不低于 5℃。

1.4.3.4 水箱的配管、附件

　　水箱的配管、附件有进水管、出水管、溢流管、泄水管、通气管、水位信号管、检修人

孔等，如图 1-20 所示。

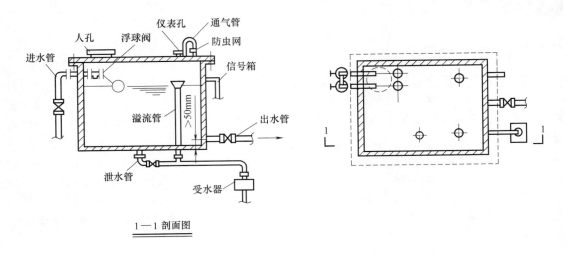

1—1 剖面图

图 1-20　水箱

(1) 进水管　水箱进水管一般由水箱侧壁接入，为防止溢流，进水管上应装设水力自动控制阀，如浮球阀或液压水位控制阀。浮球阀或液压水位控制阀的数量一般不少于两个，保证其中一个发生故障时，其余浮球阀仍能正常工作。浮球阀应尽量同步开启和关闭。在每个浮球阀前的进水管上应设置阀门，以便检修。浮球阀应设置在人孔的下方，便于检查浮球阀的工作状况。

进水管应在水池（箱）的溢流水位以上接入，进水管口的最低点高出溢流边缘的高度应等于进水管的管径，但最小不应小于 25mm，最大不大于 150mm。进水管的中心距离水箱顶应有 150～200mm 的距离，进水管的管径按水泵流量或室内管网设计秒流量计算。

(2) 出水管　出水管一般从水箱侧壁接出，管口下缘距离水箱底不应小于 50mm，若从水池底部接出，则出水管管顶入水口距水箱底的距离也不应小于 50mm，以防沉淀物进入配水管网，其管径按室内管网设计秒流量确定。水箱出水管的管口应低于水箱最低水位，以防止在水箱最低水位、管网用水量达到设计秒流量时造成供水量不足，同时也可以防止在低水位时空气进入给水管网。为防止水流短路，出水管、进水管应分设在水箱两侧。

(3) 溢流管　当水箱进水管控制失灵或水泵控制失灵时，多余的水可从溢流管中流出，以避免水箱溢水。溢流管的管口应高出设计最高水位 50mm；管径应比进水管的管径大 1～2 级，溢流管上不允许装设阀门；溢流管不得与排水系统的管道直接连接；溢流管出口处应装设网罩，防止小动物进入。

(4) 泄水管　水箱清洗或检修时，水箱中的水通过泄水管泄空。泄水管从水箱底部最低处接出，泄水管上装设阀门，平时关闭，泄水时开启。泄水管阀门后的管段可以与溢流管相连接，但不得与排水系统的管道直接连接。如无特殊要求，泄水管的管径可以比进水管的管径缩小 1～2 级，但一般不小于 50mm。

(5) 通气管　生活给水系统中的水箱为防止水质污染，水箱盖板、人孔等都应封闭，为保证水箱内空气流通，需设置通气管，防止水变质。通气管从箱盖上接出，伸至室外或水箱间，但不得伸入到有有害气体的地方。通气管的末端应装设滤网，而且管口应朝下设置。

通气管上不得装设阀门，不允许与排水系统的通气管或通风道相连接。其管径一般应大于 50mm，数量一般不少于 2 根。

（6）水位信号管　水位信号管是用来反映水位控制失灵的报警装置。一般水位信号管安装在水箱壁溢流管以下 10mm 处，管径为 15~20mm，另一端通到值班室内的污水盆上，以便随时检查水箱浮球阀设备是否失灵，从而及时采取措施。若水箱液位与水泵控制系统联锁，则可在水箱侧壁或顶盖上安装液位继电器或光、声信号器，采用自动水位报警装置。

（7）检修人孔　为便于清洗、检修，箱盖上应设检修人孔。

（8）连通管　如需设置两个水箱，两个水箱之间应设置连通管，其管径与进水管相同。连通管上应装设阀门。

1.4.3.5　水箱的布置与安装

水箱的位置应结合建筑、结构条件和管道布置考虑，应设置在通风良好、不结冻的房间内（室内最低温度一般不得低于 5℃），尽可能使管线简短，同时应有较好的采光和防蚊蝇条件。为防止结冻或阳光照射使水温上升而加速余氯的挥发，露天设置的水箱应采取保温措施。

水箱间的净高不得低于 2.2m，并应满足布置要求。水箱间的承重结构应为非燃烧材料。高位水箱的箱壁与水箱间的墙壁及其他水箱间的净距与贮水池的布置要求相同。当敷设有管道时，水箱底与水箱间地面板的净距不宜小于 0.8m，以便安装管道和进行检修。水箱的设置高度（以底板面计）应满足最高层用户的用水水压要求；如达不到要求，宜在其入户管上设置管道泵进行增压。

为保证供水安全，对于大型公共建筑和高层建筑，宜设置两个水箱。安装金属水箱时，用槽钢（工字钢）梁或钢筋混凝土支墩支承；为防水箱底与支承接触面发生腐蚀，应在它们之间垫以石棉橡胶板、橡胶板或塑料板等绝缘材料。

1.5　室内给水系统的安装

在进行给水管道的布置与敷设时，必须深入了解该建筑物的建筑和结构的设计情况、使用功能、其他建筑设备（电气；采暖、空调、通风、燃气、通信等）的设计方案，兼顾消防给水系统、热水供应系统、建筑排水系统等的要求，进行综合考虑。

1.5.1　给水管道布置与敷设的总体要求

建筑物内部给水管网的布置与敷设，应根据建筑物的性质、使用要求及用水设备的位置等因素来确定，一般应符合以下基本要求：保证最佳水力条件，保证水质不被污染、安全供水和方便使用，不影响建筑物的使用功能和美观，便于检修和维护管理。

1.5.1.1　给水管道的布置与敷设

建筑内部给水管道的敷设根据美观、卫生方面的不同要求，可分为明装和暗装。

（1）明装　明装是指管道沿墙、梁、柱或沿天花板下等处暴露安装。明装管道造价低，安装、维修管理方便；但是管道表面容易积灰、结露等，影响环境卫生和房间美观。一般民用建筑、生产车间及建筑标准不高的公共建筑等可采用明装，如普通民用住宅、办公楼、教学楼等。

（2）暗装　暗装是指管道隐蔽敷设。管道敷设在管沟、管槽、管井、专用的设备层内，或敷设在地下室的顶板下、房间的吊顶中。暗装管道卫生条件好、房间美观；但是造价高，施工要求高，一旦发生问题，维修管理不便。暗装适用于建筑标准比较高的宾馆、高层建筑，以及生产工艺对室内洁净无尘要求比较高的地方，如电子元件车间、特殊药品、食品生产车间等。

无论是明装还是暗装，都应避免管道穿越梁、柱，更不能在梁或柱上凿孔。

给水水平干管宜敷设在地下室的技术层、吊顶或管沟内；立管和支管可设在管道井或管槽内。暗装在顶棚或管槽内的管道，应在阀门处留有检修门。为了便于管道的安装和检修，管沟内的管道应尽量作单层布置。当采取双层或多层布置时，一般将管径较小、阀门较多的管道放在上层。管沟应有与管道相同的坡度和防水、排水设施。

1.5.1.2　引入管的布置与敷设

从配水平衡和供水可靠的角度考虑，给水引入管宜从建筑物用水量最大处和不允许间断供水处引入。当建筑物内的卫生器具布置得比较均匀时，一般应从建筑物的中间引入，以尽量缩短管网向最不利点的输水长度，减少管网的水头损失。

引入管一般设置一条。当建筑物不允许间断供水时，必须设置两条引入管，并且应从市政环状供水管网的不同管段上由建筑物的不同侧引入，在室内连成环状或贯通枝状双向供水。如条件不允许，必须从同侧引入时，应采取下列措施之一保证安全供水：设贮水池或贮水箱；有条件时，利用循环给水系统；由环网的同侧引入，但两根引入管的间距不得小于10m，并在接点间的室外给水管道上设置闸门。

1.5.1.3　管道井的设置

管道井的尺寸应根据管道的数量、管径大小、排列方式、维修条件，并结合建筑的结构等合理确定。当需进入检修时，其通道宽度不宜小于0.6m。管道井每层应设检修设施和检修门（检修门宜开向走廊），每两层应有横向隔断。管道井中的管道布设应有序。

1.5.1.4　水表的设置

建筑物的引入管，住宅的入户管及公用建筑物内需计量水量的水管上均应设置水表。水表应装设在观察方便、不冻结、不被任何液体及杂质淹没和不易受损坏的地方。住宅的分户水表宜相对集中读数，且宜设置于户外；对设在户内的水表，宜采用远传水表或IC卡水表等智能化水表。

水表不能单独安装，水表前、后及旁通管上应分别装设检修阀门。有些情况下，在水表的供水方向上还应装设止回阀，在水表和水表后面设置的阀门之间应装设泄水装置。水表前、后还应有一定长度的直管段。

1.5.2 ▶ 给水管道布置与敷设的注意事项

① 管线尽量短而直，以求经济节约。短是为了节约管材，直是为了减小能量损失。

② 平面布置时尽量将有用水器具的房间相连靠拢。

③ 室内管道应尽可能呈直线走向，与墙、梁、柱平行或垂直布置，做到美观且施工检修方便；对美观要求较高的建筑物，给水管道可在管槽、管井、管沟及吊顶内暗设。

④ 主要管道应尽量靠近用水量最大的或不允许断供水的用水器具，以保证供水安全可靠，并尽量减少管道中的传输流量，尽量缩短大口径管道的长度。

⑤ 工厂车间的给水管道，架空布置时应不妨碍生产操作及车间内的交通运输；不得将管道布置在遇水可能引起爆炸、燃烧或损坏的原料、产品或设备上面；也应尽量不在设备上方通过，避免管道漏水引起破坏或危险。若管道直接埋设在地下，则应避免重压或震动；不允许管道穿越设备基础，特殊情况下必须穿越设备基础时，应与有关专业人员协商处理。

⑥ 为防止管道腐蚀，给水管道不得布置在风道、烟道和排水沟内；不允许穿大小便槽；当立管至小便槽端部距离不大于 0.5m 时，在小便槽端部应有建筑隔断措施。

⑦ 给水管道不得穿过变电室、配电室和电梯机房。

⑧ 给水管道不宜穿过建筑物的伸缩缝或沉降缝，若必须穿过，则应采取保护措施，如采用接头法（使用橡胶管或波纹管）、丝扣弯头法、活动支架法等。

⑨ 生活给水引入管与污水排出管管道外壁的水平净距不宜小于 1.0m。室内给水管与排水管之间的最小净距，平行埋设时应为 0.5m，交叉埋设时应为 0.15m，且给水管应设在排水管的上面。

⑩ 埋地给水管道应避免布置在可能被重物压坏处。

⑪ 塑料给水管应远离热源，立管距灶边不得小于 0.4m，与供暖管道的净距不得小于 0.2m，且不得因热辐射使管外壁温度高于 40℃。塑料管与其他管道交叉敷设时，应采取保护措施，如用金属套管保护。建筑物内塑料立管穿越楼板和屋面处应设固定支承点。当塑料给水管的直线长度大于 20m 时，应采取补偿管道胀缩的措施。

⑫ 为了便于管道的安装与维修，布置管道时，其周围要留有一定的空间，给水管道与其他管道和建筑结构的最小净距应满足安装操作需要，且不宜小于 0.3m。

⑬ 给水引入管应有不小于 0.003 的坡度，倾向室外给水管网或阀门井、水表井，以便检修时排放存水。

1.5.3 给水系统安装工艺

给水系统安装工艺流程为：安装准备→支架制作→预制加工→干管安装→立管安装→支管安装→管道试压→管道冲洗→管道防腐和保温→管道通水。

1.5.3.1 安装准备

认真熟悉图纸，根据施工方案决定的施工方法，配合图纸会审等相关内容做好技术准备工作；现场应安排好适当的工作场地、工作棚和料具，水电源应接通，设置必要的消防设施；准备好相应的机具及材料，材料必须达到饮用水卫生标准并对各种进场材料做好进场检验和试验工作。

1.5.3.2 支架制作

管道支架、支座的制作应按照图样要求进行施工，代用材料应取得设计者同意；支

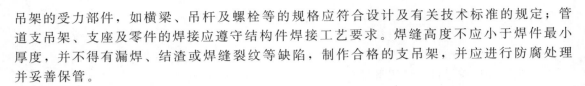

吊架的受力部件，如横梁、吊杆及螺栓等的规格应符合设计及有关技术标准的规定；管道支吊架、支座及零件的焊接应遵守结构件焊接工艺要求。焊缝高度不应小于焊件最小厚度，并不得有漏焊、结渣或焊缝裂纹等缺陷，制作合格的支吊架，并应进行防腐处理并妥善保管。

1.5.3.3　预制加工

按设计图纸画出管道分路、管径、变径、预留管口、阀门位置等施工草图，在实际位置做上标记。按标记分段量出实际安装的准确尺寸，记录在施工草图上，然后按草图测得的尺寸预制加工，按管段及分组编号。

1.5.3.4　干管安装

管道的连接方式有螺纹连接、承插连接、法兰连接、粘接、焊接、热熔连接等。

管道螺纹连接时，一般均加填料（铅油麻丝、铅油、聚四氟乙烯生料带和一氧化铅甘油调合剂）。螺纹加工和连接的方法要正确。不论是手工或机械加工，加工后的管螺纹都应端正、清楚、完整、光滑。断丝和缺丝总长不得超过全螺纹长度的 10%。螺纹连接时，应在管端螺纹外面敷上填料，用手拧入 2～3 扣，再用管子钳一次装紧，不得倒回。装紧后应留有螺尾；管道连接后，应把挤到螺栓外面的填料清除掉。填料不得挤入管道，以免阻塞管路。各种填料在螺纹里只能使用一次，若螺纹拆卸，重新装紧时，应更换新填料。

给水管的承插连接是在承口与插口的间隙内加填料，使之密实，并达到一定的强度，以达到密封压力介质为目的。承插口填料分为两层，内层用油麻或胶圈，外层用石棉水泥接口、自应力水泥砂浆接口、石膏氧化钙水泥接口、青铅接口等。承插口的内层填料使用油麻时将油麻拧成直径为接口间隙 1.5 倍的麻辫，其长度应比管外径周长长 100～150mm，油麻辫从接口下方开始逐渐塞入承插口间隙内，且每圈首尾搭接 50～100mm，一般嵌塞油麻辫两圈，并依次用麻凿打实，填麻深度约为承口深度的 1/3；当管径≥300mm 时，可用胶圈代替油麻，操作时可由下而上逐渐用捻凿贴插口壁把胶圈打入承口内，在此之前，宜把胶圈均匀滚动到承口内水线处，然后分 2～3 次使其到位。

法兰连接时，法兰与管子组装前对管子端面进行检查，管口端面倾斜尺寸不得小于1.5mm；法兰与管子组装时要用角尺检查法兰的垂直度，法兰连接的平行度偏差尺寸不应大于法兰外径的 1.5mm，且不应大于 2mm；法兰与法兰对接时，密封面应保证平衡。

焊接连接是管道安装工程中最重要和应用最广泛的连接方式之一。钢管焊接可采用焊条电弧焊或氧-乙炔气焊。焊件经焊接后所形成的结合部分，即填充金属与熔化的母材凝固后形成的区域，称为焊缝。管道焊接连接的优点：焊接牢固、强度大；安全可靠、经久耐用；接口严密性好，不易跑、冒、滴、漏；不需要接头配件，造价相对较低；维修费用也低。缺点：接口固定，检修、更换管子等不方便。焊接工艺有气焊、手工电弧焊、手工氩弧焊、埋弧自动焊、钎焊等多种焊接方法。各种有缝钢管、无缝钢管、铜管、铝管等都可以采用焊接连接。

热熔连接时将热熔工具接通电源，到达工作温度指示灯亮后方能开始操作。切割管材时，必须使端面垂直于管轴线，管材断面应去除毛边和毛刺，管材与管件连接端面必须清洁、干燥、无油。用卡尺和合适的笔在管端测量并标绘出热熔深度，熔接弯头或三通时，按设计图纸要求，应注意其方向，在管件和管材的直线方向上，用辅助标志标出位置。连接时，应旋转地把管端导入加热套内，插入到所标志的深度，同时，无旋转地把管件推到加热头上，达到规定标志处。达到加热时间后，立即把管材与管件从加热套的加热头上同时取下，迅速地无旋转地直线均匀插入到所标深度，使接头处形成均匀凸缘。在规定的加工时间内，刚熔接好的接头还可校正，但严禁旋转。

1.5.3.5　立管安装

立管安装时每层从上至下统一吊线安装卡件，将预制好的立管按编号分层排开，按顺序安装，对好调直时的印记，螺纹外露 2~3 扣，清除麻头，校核预留甩口的高度、方向是否正确。外露螺纹和镀锌层破损处刷好防锈漆。支管甩口均加好临时丝堵。立管阀门安装朝向应便于操作和修理。安装完后用线坠吊直找正，配合土建堵好楼板洞。

1.5.3.6　支管安装

将预制好的支管从立管甩口依次逐段进行安装，根据管道长度适当加好临时固定卡，核定不同卫生器具的冷热水预留口高度、上好临时丝堵。支管装有水表位置应先装上连接管，试压后在交工前拆下连接管，换装水表。

1.5.3.7　管道试压

铺设、暗装、保温的给水管道在隐蔽前做好单项水压试验。管道系统安装完后进行综合水压试验。水压试验时放净空气，充满水后进行加压，当压力升到规定要求时停止加压，进行检查，如各接口和阀门均无渗漏，持续到规定时间，观察其压力下降在允许范围内，通知有关人员验收，办理交接手续。

1.5.3.8　管道冲洗

管道在试压完成后即可做冲洗，冲洗应用自来水连续进行，应保证有充足的流量。冲洗洁净后办理验收手续。

1.5.3.9　管道防腐和保温

（1）管道防腐　给水管道敷设与安装的防腐均应按设计要求及国家验收规范施工，所有型钢支架及管道镀锌层破损处和外露螺纹要补刷防锈漆。

（2）管道保温　给水管道的保温有管道防冻保温、管道防热损失保温和管道防结露保温三种形式。其保温材质及厚度应按设计要求，质量应达到国家规范的标准。

1.5.4　给水管道的防护

为了让给水管道系统能在较长年限内正常工作，除日常加强维护管理外，在设计和施工过程中还需要采取防腐、防冻、防结露、防漏以及防振、加固措施。

1.5.4.1　防腐

无论是明装的管道还是暗装的管道，除镀锌钢管、给水塑料管外，都必须做防腐处理。管道防腐最常用的是刷油法，具体做法是：明装管道表面除锈后，在外壁涂刷防腐涂料。管道外壁所做的防腐层数，应根据防腐要求确定。

1.5.4.2　防冻

当管道及其配件布置在温度低于 0℃ 的环境中时，为了保证使用安全，应当采取保温措施。常用的保温措施有以下两种。

① 管道外包棉毯作保温层，再外包玻璃丝。棉毯一般指岩棉、超细玻璃棉、玻璃纤维和矿渣棉毯等。

② 管道用保温瓦作保温层，外包玻璃丝布保护层，表面刷调和漆。保温瓦一般由泡沫混凝土、硅藻土、水泥蛭石、泡沫塑料、岩棉、超细玻璃棉、玻璃纤维、矿渣棉和水泥膨胀珍珠岩等制成。

1.5.4.3　防结露

若房间（如厨房、洗衣房和某些生产车间等）的环境温度较高、空气湿度较大或管道内的水温低于室内温度，则管道和设备表面可能会产生凝结水，这会引起管道和设备的腐蚀，影响使用和卫生，因此必须采取防结露措施，其做法一般与保温的做法相同。

1.5.4.4　防漏

如果管道布置不当或者是管材质量和敷设施工质量低劣，就可能造成管道漏水，这不仅浪费水量、影响正常供水，严重时还会损坏建筑，特别是湿陷性黄土地区。埋地管漏水将会造成土壤湿陷，影响建筑基础的稳固性。管道防漏的办法有以下三种。

① 避免将管道布置在易受外力损坏的位置或采取必要且有效的保护措施，避免其直接承受外力。

② 健全管理制度，加强管材质量和施工质量的检查监督。

③ 在湿陷性黄土地区，可将埋地管道敷设在防水性能良好的检漏管沟内，一旦漏水，水可沿管沟排至检漏井内，便于及时发现和检修（管径较小的管道，也可敷设在检漏套管内）。

1.5.4.5　防振

若管道中的水流速度过大，则关闭水龙头、阀门时易出现水击现象，引起管道、附件的振动，这不仅会损坏管道、附件，造成漏水，还会产生噪声。为防止管道的损坏和噪声的污染，在设计时应控制管道的水流速度，尽量减少使用电磁阀或速闭型阀门、龙头。住宅建筑进户支管阀门后，应装设一个家用可曲挠橡胶接头进行隔振，并可在管道支架、吊架内衬垫减振材料，以减小噪声的扩散。

1.5.4.6　加固

室内给水管道在自重、温度及外力作用下会产生变形及位移，为此，须将管道的位置予以固定，在水平管道和垂直管道上每隔适当距离装设支（吊）架。

常用的支（吊）架有管卡、托架、吊架等，如图 1-21 所示。管径较小的管道上常采用管卡或钩钉，管径较大的管道上常采用吊环或托架。

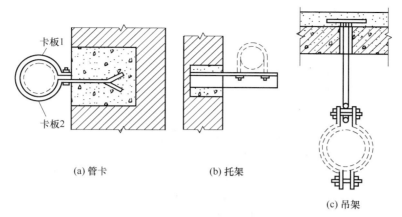

(a) 管卡　　　　　　(b) 托架

(c) 吊架

图 1-21　管道固定措施

本章小结

1. 建筑给水系统按用途分三类，即生活给水系统、生产给水系统和消防给水系统。

2. 建筑给水系统是由引入管、水表节点、管道系统、给水附件、升压和贮水设备、室内消防设备、给水局部处理设备组成。

3. 室内给水系统的给水方式有直接给水、单设水箱给水、单设水泵给水、设贮水池、水泵和水箱的给水、气压给水及分区给水等方式。具体采用哪一种给水方式要根据建筑类型、建筑高度和对水质、水量、水压的要求及市政水源供水条件来确定。

4. 常用的给水管材有镀锌钢管、无缝钢管、铸铁管、PP-R 塑料管、PE 塑料给水管和复合管等。

5. 常用给水阀门有闸阀、截止阀、蝶阀、止回阀、球阀、安全阀、减压阀等。

6. 常用的给水仪表有水表、压力表及温度计。水表根据翼轮的不同结构分为旋翼式水表和螺翼式水表，螺翼式水表用于大流量管路，旋翼式水表用于小流量管路。

7. 给水系统中常用的增压设备为离心式水泵，它具有结构简单、体积小、效率高等优点。

8. 室内给水系统管道常用布置形式有下行上给式、上行下给式和环状式。

9. 室内给水系统管道安装方式有明装和暗装，要求掌握管道的安装技术要求。

10. 管道连接方法主要有螺纹连接、焊接连接、法兰连接、卡箍连接、承插连接。

思考与练习

1. 建筑给水系统由哪几部分组成？

2. 建筑给水系统有几种供水方式？各适用于什么条件？

3. 建筑给水系统常用管材及附件有哪些？

4. 高层建筑给水系统如何分区处理？

5. 管道的连接方式有哪几种？

6. 常用的给水阀门有哪些？各有何特点？

7. 简述给水系统安装工艺流程。

8. 常用水表有哪两类？安装时有什么要求？

9. 简述设置水箱的作用及优缺点。

10. 识读图 1-22 和图 1-23。

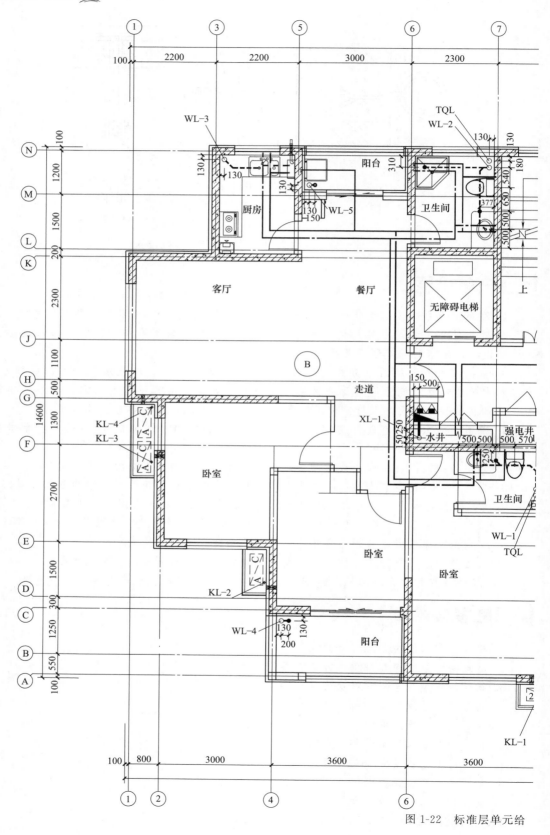

图 1-22 标准层单元给

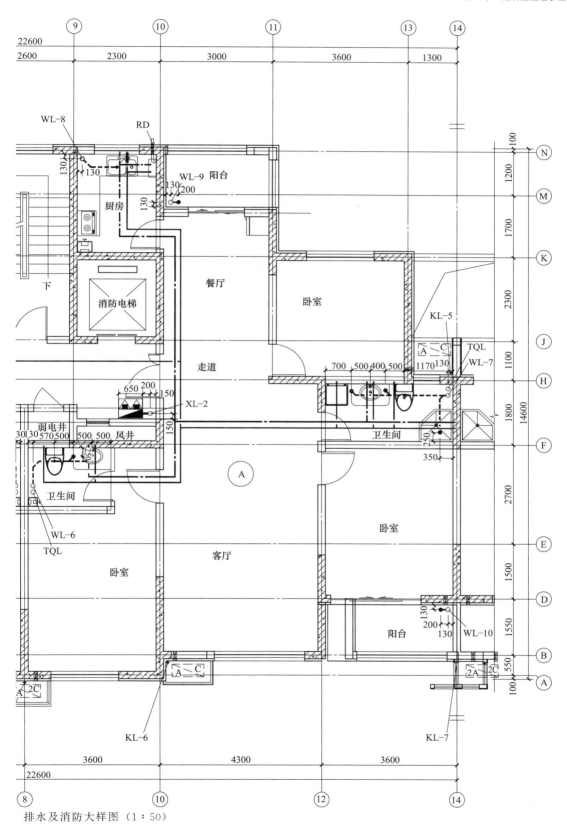

排水及消防大样图（1：50）

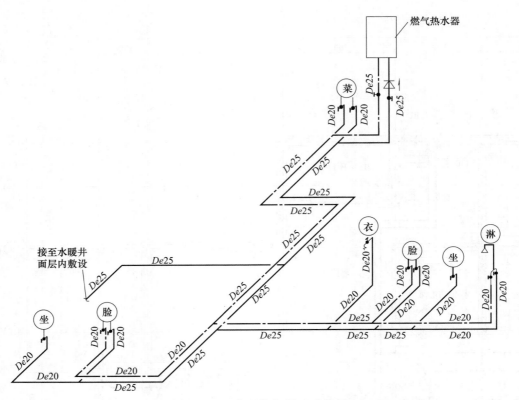

图 1-23   A 户型给水/热水系统图

第2章　建筑生活排水工程

学习目标

- 了解排水系统的分类及排水体制。
- 熟悉生活排水系统的组成。
- 熟悉排水管材、管件、各种卫生器具，并能正确选用。
- 理解生活排水系统安装工艺流程。
- 能进行排水平面图、系统图的识读。

2.1 建筑排水系统基础知识

室内排水系统的任务是把建筑物内部各种卫生器具和用水设备排放的污（废）水，以及屋面的雨、雪水等及时畅通无阻地排入室外排水管网或处理构筑物，为人们提供良好的生活、生产、工作和学习环境。

污（废）水中可能含有各种固体杂质，因此管道内实际上是气、水、固体三相流动。一般情况下，固体杂质所占的排水体积比较小，为简化分析，可认为排水管道内为气、水两相流动。所以，在设计排水系统时常常要考虑这些现象。

（1）水量气压变化幅度大　各种卫生器具排放污水的状况不同，但一般规律是：排水历时短，瞬间流量大，高峰流量时可能充满整个管道断面，流量幅度变化大。因此，管道不是始终充满水，流量时有时无，时小时大，在大部分时间内管道中可能没有水或者只有很小的流量。管道内的水面和气压不稳定，水、气容易掺和在一起。

（2）水流速度变化大　建筑内部污水排放的过程中，水流方向和速度大小不断地发生变化，而且变化幅度很大。建筑内部横管与立管交替连接，当水流由横管流入立管时，水流在重力作用下加速下降，气、水混合；当水流由立管流向横干管时，水流突然改变方向，速度骤然减小，发生气、水分离现象。

（3）事故危害大　室内污（废）水中含有部分固体杂质，容易使管道排水不畅，堵塞管道，造成污染水外溢。此时，有毒有害气体将排入室内，使室内空气恶化，直接危害人体健康。

综上所述，由于排水管中的水流运动很不稳定，压力变化大，排水管中的水流物理现象对于排水管的正常工作影响很大，所以在设计室内排水管道系统时，需要对建筑内部的排水管道中的水气流动现象进行认真的研究，以保证排水系统的安全运行，同时尽量使管线短、

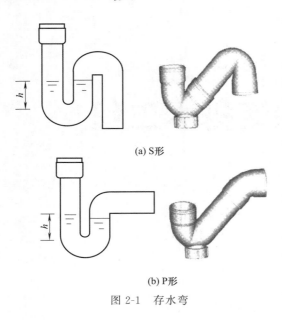

(a) S形

(b) P形

图 2-1　存水弯

为水封破坏），污染环境。

管径小、造价低。

（4）水封　水封是指在弯管内存有一定高度的水，利用这一高度水的静水压力来抵抗排水管道内气压变化，以防止排水管内的有害气体进入室内的措施。存水弯就是用来实现水封作用的，它靠排水本身的水流来达到自净的作用。常用的管式存水弯有 S 形和 P 形两种，如图 2-1 所示。

存水弯中的水柱高度 h 称为水封高度。建筑内部各种卫生器具存水弯的水封高度不得小于 50mm，一般取 60～70mm。水封高度越大，抵抗管道内压力波动的能力越强，但自净作用会减小，水中的固体杂质不易顺利排入排水横管；若水封高度过小，则固体杂质不易沉积，抵抗管内压力变化的能力较差，管道内的气体容易克服水封的静水压力进入室内（此现象称

2.2　建筑内部排水系统

2.2.1　排水系统的分类

按系统所接纳污（废）水性质的不同，建筑内部排水系统可分为以下三类。

（1）生活排水系统　生活排水系统是排除居住建筑、公共建筑及工业企业生活间污（废）水的系统。有时，由于污（废）水处理、卫生条件或杂用水水源的需要，把生活排水系统又进一步分为排除冲洗便器的生活污水排水系统和排除盥洗、洗涤废水的生活废水排水系统。生活废水经过处理后，可作为杂用水，用来冲洗厕所、浇洒绿地和道路、冲洗汽车等。

（2）工业废水排水系统　工业废水排水系统是排除生产工艺过程中产生的污（废）水的系统。为便于污（废）水的处理和综合利用，按污染程度可将其分为生产污水排水系统和生产废水排水系统。生产污水的污染程度较重，需要经过处理，达到排放标准后才能排放。生产废水的污染程度较轻，如机械设备冷却水。生产废水可作为杂用水水源，也可经过简单处理后（如降温）回用或排入水体。

（3）屋面雨水排除系统　屋面雨水排除系统是收集、排除降落到多跨工业厂房、大屋面建筑和高层建筑屋面上的雨（雪）水的系统。

2.2.2　排水体制的选择

排水体制有分流制和合流制两种。分流制排水是将室内产生的不同性质的污水、废水分别设置排水管道排出室外；合流制排水是将室内产生的不同性质的污水、废水共用一套排水

管道排出室外。建筑内部排水体制的确定，应根据污水性质、污染程度，结合建筑外部排水系统的体制、是否有利于综合利用、中水系统的开发和污水的处理要求等因素综合考虑。

2.2.2.1　分流制排水的应用场合

① 两种污水合流后会产生有毒有害气体或其他有害物质。
② 污染物质同类，但浓度差异大。
③ 医院污水中含有大量致病菌或含有的放射性元素超过排放标准规定的浓度。
④ 不经处理和稍经处理后可重复利用水的水量较大。
⑤ 建筑中水系统需要收集原水。
⑥ 餐饮业和厨房洗涤水中含有大量油脂。
⑦ 工业废水中含有贵重工业原料需回收利用，或含有大量矿物质、有毒有害物质需要单独处理。
⑧ 锅炉、水加热器等加热设备排水水温超过40℃。

2.2.2.2　合流制排水的应用场合

① 城市有污水处理厂，生活废水不需要回收利用。
② 生产污水与生活污水性质相似。

2.2.2.3　污水排入市政排水管网的一般要求

① 污水温度低于40℃。如温度过高，会引起管道接头破坏，造成漏水。
② 污水的pH值为6～9。浓度过高的酸、碱水会腐蚀管道，影响污水的进一步处理。
③ 不含大量固体物质，以防阻塞管道。
④ 不含大量汽油或油脂等易燃液体，以防其在管道中燃烧或爆炸。
⑤ 不含有毒有害物质。

2.2.3　生活排水系统的组成

生活排水系统的组成如图2-2所示。

2.2.3.1　卫生器具和生产设备受水器

卫生器具或生产设备受水器是建筑内部排水系统的起点，用于满足人们日常生活或生产过程中的各种卫生要求，并收集和排出污（废）水。

2.2.3.2　排水管道系统

排水管道系统由器具排水管、横支管、立管、埋地横干管和排出管等部分组成。

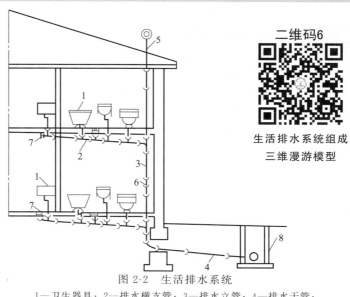

二维码6

生活排水系统组成
三维漫游模型

图2-2　生活排水系统

1—卫生器具；2—排水横支管；3—排水立管；4—排水干管；
5—通气管；6—检查口；7—清扫口；8—检查井

2.2.3.3　通气管道系统

通气管的作用是向排水管道内补给新鲜空气，以减小气压变化，防止卫生器具的水封破坏，使水流通畅，同时也需将排水管道内的有毒有害气体排放到一定空间的大气中去，减缓金属管道的腐蚀。对于层数不多的建筑，当排水横支管不长、卫生器具不多时，采用将排水立管上部延伸出屋顶的通气方式；对于仅设一个卫生器具或虽然接有几个卫生器具但共有一个存水弯的管较长或卫生器具的数量较多，排水概率大，容易在管内产生压力波动而破坏水封时，除应设伸顶通气管外，还应设环形通气管或主通气管。

2.2.3.4　清通设备

为了疏通建筑内部排水管道、保证排水通畅，排水系统中需要设置清通设备，通常设置的清通设备有检查口、清扫口、带清扫门的 90°弯头或三通接头、室内埋地横干管上的检查口。

2.2.3.5　污水抽升设备

当工业与民用建筑中的地下室、人防建筑物、高层建筑的地下技术层、某些工业企业车间的地下或半地下室、地下铁道等地下建筑物内的污废水不能自流排至室外时，必须设置污水抽升设备。

2.2.3.6　污水局部处理构筑物

当建筑内部的污水未经处理不允许直接排入城市下水道时，必须设污水局部处理构筑物，如化粪池、隔油井（池）、降温池等。

2.3　排水管材、附件及卫生器具

2.3.1　常用排水管材

敷设在建筑内部的排水管道要求具有足够的机械强度、较好的抗污水侵蚀性、不漏水等特点。生活污水管道一般采用排水铸铁管或硬聚氯乙烯管；当管径小于 50mm 时，可采用钢管。生活污水埋地管道可采用带釉的陶土管；当排水温度高于 40℃时，应采用金属排水管或耐热型塑料排水管。下面重点介绍几种常用排水管材的性能及特点。

2.3.1.1　铸铁管

（1）排水铸铁管　排水铸铁管是目前建筑内部排水系统常用的管材，主要有排水铸铁承插口直管、排水铸铁双承直管等，管径为 50～200mm。其常用管件有弯头、弯管、管箍、三通、四通、存水弯等。排水铸铁管具有耐腐蚀性能强、强度高、使用寿命长、价格便宜等优点。

（2）柔性抗震排水铸铁管　随着高层和超高层建筑的迅速兴起，以石棉水泥或青铅为填料的刚性接头排水铸铁管已不能适应高层建筑中各种因素引起的变形。因此，高耸构筑物和建筑高度超过 100m 的建筑物，其排水立管应采用柔性接口；排水立管的高度在 50m 以上或在抗震设防 8 度地区的高层建筑，应在立管上每隔一层设置柔性接口；在抗震设防 9 度地区的高层建筑，立管和横管均应设置柔性接口；其他建筑在条件许可时，也可采用柔性接口。我国当前采用较为广泛的一种柔性抗震排水铸铁管是 GP-1 型，它采用橡胶圈密封，螺栓紧固，具有较好的曲挠性、伸缩性、密封性及抗震性能，且便于施工。国外近年来使用的柔性抗震排水铸铁管采用橡胶圈及不锈钢带连接，具有装卸简便、易于安装和维修等优点。

2.3.1.2　钢管

钢管的管径一般为 32mm、40mm、50mm，因此用于管径小于 50mm 的排水管道中，一般用作洗脸盆、小便器、浴盆等卫生器具与排水横支管间的连接短管。工厂车间内振动较大的地点也可采用钢管代替铸铁管，但应注意分清其排出的工业废水是否对金属管道有腐蚀性。

2.3.1.3　排水塑料管

目前在建筑内使用的排水塑料管是硬聚氯乙烯塑料管（UPVC 管），其优点是重量轻、耐腐蚀、不结垢、内壁光滑、水流阻力小、外表美观、容易切割、便于安装、节省投资和节能等；缺点是强度低、耐温差性能差（使用温度为 $-5 \sim +50 ℃$）、线性膨胀量大、立管产生噪声、易老化、防火性能差等。排水塑料管通常标注公称外径 D_e。

2.3.2　排水管道附件

2.3.2.1　清通设备

检查口和清扫口的作用是供管道清通时使用。清扫口一般设在排水横管上。检查口是一个带盖板的开口短管，拆开盖板便可以进行管道清通。检查口一般安装在排水立管上。埋地管道上的检查口应设在检查井内，以便清通操作。检查井的直径不得小于 0.7m。

（1）在生活排水管道上设置检查口和清扫口的规定

① 铸铁排水立管上检查口之间的距离不宜大于 10m，塑料排水立管宜每六层设置一个检查口；但在建筑物最底层和设有卫生器具的二层以上建筑物的最高层，应设置检查口；当立管水平拐弯或有乙字弯管时，在该层立管拐弯处或乙字管的上部应设检查口。

② 在连接 2 个及 2 个以上的大便器或 3 个及 3 个以上的卫生器具的铸铁排水横管上宜设置清扫口；在连接 4 个及 4 个以上的大便器的塑料排水横管上宜设置清扫口。

③ 在水流偏转角大于 45°的排水横管上，应设检查口或清扫口（可采用带清扫口的配件替代）。

（2）在排水管道上设置检查口的规定

① 立管上设置检查口，应在地（楼）面以上 1.00m，并应高于该层卫生器具上边缘 0.15m。

② 埋地横管上设置检查口时，检查口应设在砖砌的井内（可采用密闭塑料排水检查井替代检查口）。

③ 地下室立管上设置检查口时，检查口应设置在立管底部之上。

④ 立管上检查口检查盖应面向便于检查清扫的方位；横干管上的检查口应垂直向上。

2.3.2.2 通气帽

在通气管顶端应设通气帽，以防止杂物进入管内。通气帽的形式一般有两种：甲型通气帽是用 20 号铁丝编绕成的螺旋形网罩，可用于气候较暖和的地区；乙型通气帽是用镀锌铁皮制成的，适用于冬季室外温度低于 −12℃ 的地区，它可避免因潮气结冰霜封闭网罩而堵塞通气口的现象发生。通气帽如图 2-3 所示。

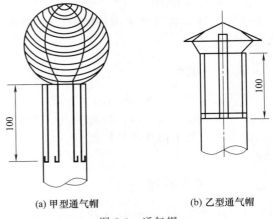

2.3.2.3 隔油具

隔油具通常用于厨房等场所，可对排入下水道前的含油脂污水进行初步处理。隔油具装在水池的底板下面，也可设在几个小水池的排水横管上。

(a) 甲型通气帽　　　　(b) 乙型通气帽

图 2-3　通气帽

2.3.2.4 滤毛器

理发室、游泳池、浴池的排水中往往夹带毛发等杂物，因此在以上场所的排水支管上应安装滤毛器，以防毛发堵塞管道。

2.3.3　卫生器具

卫生器具是室内排水系统的起点，它接纳各种污水后排入管网系统。卫生器具可分成便溺用卫生器具（大便器、小便器），盥洗、沐浴用卫生器具（洗脸盆、盥洗槽、浴盆、淋浴器等），洗涤用卫生器具（洗涤盆、污水池等），专用卫生器具（化验盆、饮水器、妇女净身盆等），地漏等。

2.3.3.1 便溺用卫生器具

（1）大便器　常用大便器有蹲式大便器、坐式大便器和大便槽三种类型。大便器按构造形式可分为盘形大便器和漏斗形大便器两类。盘形大便器与存水弯是分离的，如蹲式大便器；漏斗形大便器本身带有存水弯，如坐式大便器。

① 蹲式大便器。蹲式大便器一般用于普通住宅、集体宿舍、公共建筑的公共厕所、防止接触传染的医院内的厕所。因蹲式大便器本身不带水封装置，所以需另外装设存水弯，一般在地板上设平台。高水箱蹲式大便器安装图如图 2-4 所示。

二维码7

蹲式大便器动画

② 坐式大便器。坐式大便器按冲洗水力原理可分为冲洗式大便器和虹吸式大便器两种。冲洗式大便器是利用冲洗设备具有的水压进行冲洗；虹吸式大便器是应用冲洗设备具有的水压和虹吸作用的抽吸力进行冲洗。坐式大便器一般布置在高级住宅、医院、宾馆等的卫生间内。

③ 大便槽。大便槽用于学校、火车站、汽车站、码头、游乐场所及其他标准较低的公共场所，可代替成排的蹲式大便器，常用瓷砖贴面，造价低。

（2）小便器　小便器设于公共建筑的男厕所内，有的住宅卫生间内也需要设置。小便器

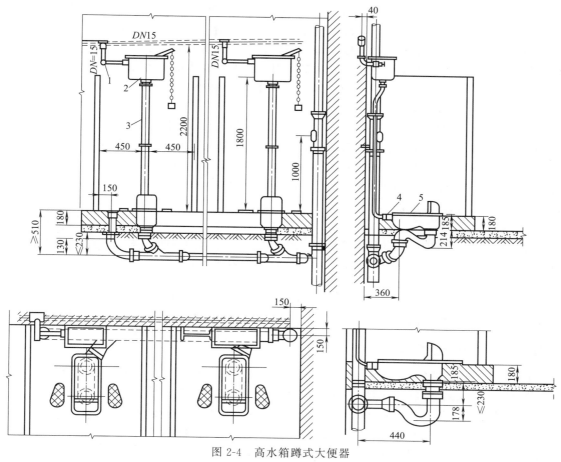

图 2-4　高水箱蹲式大便器

1—DN15 角阀；2—高水箱；3—DN32 冲水管；4—橡胶碗；5—蹲式大便器

有挂式小便器、立式小便器和小便槽三类。其中，立式小便器用于标准高的建筑，小便槽用于工业企业、公共建筑和集体宿舍等。

2.3.3.2　盥洗、沐浴用卫生器具

（1）洗脸盆　洗脸盆结构形状分为长方形、半圆形、三角形和椭圆形等，一般用于洗脸、洗手和洗头，常设置在盥洗室、浴室、卫生间及理发室，大多为陶瓷制品。洗脸盆的安装方式有墙架式、柱脚式和台式。洗脸盆如图2-5 所示。

（2）盥洗槽　盥洗槽是采用瓷砖、水磨石等材料现场建造的卫生设备，一般设置在同时有多人使用的地方，如工厂的生活间、集体宿舍、教学楼、码头、工厂

二维码8

洗脸盆动画

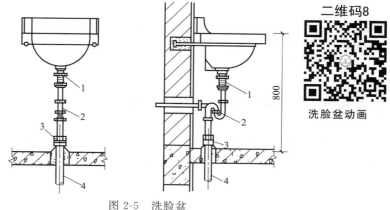

图 2-5　洗脸盆

1—排水栓；2—存水弯；3—转换插头；4—排水管

生活间内。长方形盥洗槽的槽宽一般为 500～600mm，距槽上边缘 200mm 处装置配水龙头，配水龙头的间距一般为 700mm，槽内靠墙的一侧设有泄水沟，污水由此沟流至排水栓。

（3）浴盆　浴盆一般用钢板搪瓷、铸铁搪瓷、玻璃钢等材料制成，其外形多呈长方形，设在住宅、宾馆、医院等的卫生间或公共浴室内，供人们清洁身体之用。浴盆的一端配有冷（热）水龙头或混合龙头，有的还配有淋浴设备。浴盆的排水口及溢水口均设在装有水龙头的一端，盆底有 0.02 的坡度坡向排水口。

（4）淋浴器　淋浴器多用于工厂、学校、机关、部队、公共浴室、集体宿舍和体育馆的卫生间内。与浴盆相比，淋浴器具有占地面积小、设备费用低、耗水量小、清洁卫生、避免疾病传染等优点。淋浴器有成品的，也有现场安装的。淋浴器成排设置时，相邻两喷头之间的距离为 900～1000mm，莲蓬头距地面 2000～2200mm，浴室地面应有 0.01 的坡度坡向排水口。

2.3.3.3　洗涤用卫生器具

（1）洗涤盆　洗涤盆装设在厨房或公共食堂内，用来洗涤碗碟、蔬菜等，有单格和双格之分。双格洗涤盆一格洗涤，另一格泄水。

（2）污水池　污水池设置在公共建筑的厕所和盥洗室内，供洗涤拖布、打扫卫生、倾倒污水之用。池深一般为 400～500mm，多为水磨石或瓷砖贴面的钢筋混凝土制品。

二维码9

淋浴器动画

2.3.3.4　专用卫生器具

（1）化验盆　化验盆设置在工厂、科研机关和学校的化验室或实验室内，盆内已带水封，根据需要，装置单联、双联、三联鹅颈龙头。

（2）饮水器　饮水器实质上是一个铜质弹簧饮水龙头，一般设置在工厂、学校、火车站、体育馆和公园等公共场所，是供人们饮用冷开水或消毒冷水的器具。饮水器水盘上缘离地高度为 850mm，饮水龙头的安装高度为 1000mm。

2.3.3.5　地漏

地漏主要设置在厕所、浴室、盥洗室、卫生间及其他需要从地面排水的房间内，用于排除地面积水。地漏有带水封和不带水封两种，一般用铸铁或塑料制成，在排水口处盖有箅子，用来阻止杂物进入排水管道。地漏应布置在不透水地面的最低处，箅子顶面应比地面低 5～10mm，水封深度不得小于 50mm，其周围地面应有不小于 0.01 的坡度坡向地漏。

2.4　室内排水系统的安装

2.4.1　生活排水系统安装工艺

生活排水系统安装工艺流程：安装准备→预制加工→干管安装→立管安装→支管安装→卡件固定→封口堵洞→闭水试验→通水试验→通球试验。

（1）安装准备　认真熟悉图纸，根据设计图纸及技术交底，检查、核对预留孔洞大小尺寸是否正确，将管道坐标、标高位置画线定位。

（2）预制加工　根据图纸要求并结合实际情况，确定位置测量尺寸，切割材料，对管口要用砂纸、锉刀清理毛刺，清除残屑。

（3）干管安装　根据设计图纸要求的坐标、标高预留槽洞或预埋套管。埋入地下时，按设计坐标、标高、坡向、坡度开挖槽沟后安装；采用托（吊）管安装时应按设计坐标、标高、坡向做好托（吊）架。条件具备时，将预制加工好的管段，按编号运至安装部位进行安装。干管安装完成后应做闭水试验，出口用充气橡胶堵密闭，达到不渗漏，5min 内水位不下降为合格。

（4）立管安装　首先按设计要求，将洞口预留或后剔，洞口尺寸不得过大，更不可损伤受力钢筋。安装前清理场地，根据需要支搭操作平台，将已预制好的立管运到安装部位。立管插入端应先划好插入长度标记，然后涂上肥皂液，套上锁母及 U 形橡胶圈。安装时先将立管上端伸入上一层洞口内，垂直用力插入至标记为止（一般预留胀缩量为 20～30mm）。合适后即用自制 U 形钢制抱卡紧固于伸缩节上沿。然后找正找直，并测量顶板距三通中心是否符合要求，无误后即可堵洞，并将上层预留伸缩节封严。

（5）支管安装　首先剔出吊卡孔洞或复查预埋件是否合适。然后清理场地，按需要支搭操作平台，将预制好的支管按编号运至场地。根据管段长度调整好坡度，合适后固定卡架，封闭各预留管口和顶替洞。

管道安装时要求安装支（吊）架，并按设计要求调整好管道的坡度。管道安装完毕后均按要求进行灌（闭）水试验和通水、通球试验。

排水主立管及水平干管管道均应做通球试验，通球半径不小于排水管道管径的 2/3，通球率必须达到 100%。通球时，为了防止球滞留在管道内，用线贯穿并系牢（线长略大于立管总高度），然后将球从伸出屋面的通气口向下投入，看球能否顺利地通过主管并从出户弯头处溜出，如能顺利通过，说明主管无堵塞。如果通球受阻，可拉出通球，测量线的放出长度，则可判断受阻部位，然后进行疏通处理，反复做通球试验，直至管道通畅为止，如果出户管弯头后的横向管段较长，通球不易滚出，可灌些水帮助通球流出。

2.4.2　排水管道的布置

排水管道布置的基本原则是技术上满足最佳水力条件，保证使用安全，不出现跑冒滴漏现象、保护管道不受破坏，使建设投资和日常维护管理费用最低，而且还要美观、便于使用。

2.4.2.1　排水管道的布置要求

① 应尽量使排水管道距离最短，管道转弯最少。

② 排水立管应设置在最脏、杂质最多及排水量最大的排水点处，立管尽量不转弯。

③ 排水管道不得布置在遇水能引起爆炸、燃烧或损坏的产品和设备的上方。

④ 排水管道不得布置在食堂、饮食业厨房的主副食操作、烹调、备餐位置的上方以及浴池、游泳池的上方。

⑤ 排水管道不得布置在食品和贵重物品仓库、通风小室、变配电间和电梯机房。

⑥ 排水管道不得穿越伸缩缝、沉降缝、烟道和风道。当不得不穿越沉降缝时，应采取预留沉降量、设置柔性连接等措施。穿越伸缩缝时应安装伸缩器。

⑦ 排水埋地管，不得穿越生产设备基础或布置在可能被重物压坏处。

⑧ 排水管道不得穿越卧室、病房、图书馆书库等对卫生、安静要求比较高的房间，并不应靠近与卧室或图书馆书库相邻的内墙。

⑨ 生活饮用水水池（水箱）的上方不得布置排水管道，而且在周围 2m 以内不应有污水管道。

⑩ 塑料排水管道除满足以上要求外，还应符合以下规定：避免布置在热源附近，如不能避免，应采取隔热措施，立管与家用灶具边缘的净距不得小于 0.4m；避免布置在易受机械撞击处，如不能避免，应采取设金属套管等防护措施。

2.4.2.2 同层排水设计要求

① 住宅应按洗衣机位置设置洗衣机排水专用地漏或洗衣机排水存水弯，排水管道不得接入室内雨水管道（一般技术要求）。

② 地漏的选择应符合下列要求：应优先采用具有防涸功能的地漏；在无安静要求和无须设置环形通气管、器具通气管的场所，可采用多通道地漏；食堂、厨房和公共浴室等排水宜设置网框式地漏。

③ 排水管道的坡度和最大设计充满度应符合规范的要求。

④ 器具排水横支管的布置和标高的设置不得造成排水滞留、地漏冒溢。

⑤ 埋设于填层中的管道不得采用橡胶圈密封接口。

⑥ 当排水横支管设置在沟槽内时，回填材料、面层应能承载器具、设备的荷载。

⑦ 卫生间地坪应采取可靠的防渗漏措施。

2.4.3 排水管道的敷设与连接

排水管的管径一般都比较大，又需要经常清通，因此一般建筑大多采用明装。当建筑物的建筑标准较高或有特殊要求时，可采用暗装，将管道敷设在吊顶、管井、管槽内，但也要便于安装和检修。底层的横支管一般埋设在地下，排出管埋在底层地下或吊在地下室的顶板下。排水管道的连接应符合下列要求。

① 卫生器具的排水管与排水横支管垂直连接，宜采用 90°斜三通。

② 排水管道的横管与立管连接，宜采用 45°斜三通或 45°斜四通和顺水三通或顺水四通。

③ 排水立管与排出管端部的连接，宜采用两个 45°弯头、弯曲半径不小于 4 倍管径的 90°弯头或 90°变径弯头。

④ 排水立管应避免在轴线偏置；当受条件限制时，宜用乙字管或两个 45°弯头连接。

⑤ 当排水支管、排水立管接入横干管时，应在横干管管顶或其两侧 45°范围内采用 45°斜三通接入。

⑥ 排水立管必须采取可靠的固定措施，宜在每层或间层管井平台处固定。

本章小结

1. 水封的作用。

2. 按系统所接纳污（废）水性质的不同，建筑内部排水系统可分为生活排水系统、工业废水排水系统、屋面雨（雪）水排除系统三类。

3. 生活排水系统的组成包括卫生器具和生产设备受水器、排水管道系统、通气管道系统、清通设备、污水抽升设备、污水局部处理构筑物。

4. 常用的排水管材有钢管、铸铁管和塑料管。

5. 排水管道附件常见的有清通设备、通气帽、隔油具和滤毛器。

6. 卫生器具及安装包括便溺用卫生器具，盥洗、沐浴用卫生器具，洗涤用卫生器具，专用卫生器具和地漏。

    7. 生活排水系统安装工艺。

    8. 排水管道的布置。

    9. 排水管道的敷设与连接。

思考与练习

1. 建筑排水系统的分类有哪些?

2. 排水体制如何选择?

3. 生活排水系统的组成有哪些?

4. 建筑排水系统常用管材及附件有哪些?

5. 建筑排水系统的常见卫生器具有哪些?

6. 简述生活排水系统的安装工艺流程。

7. 识读图 2-6。

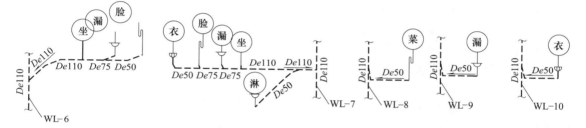

图 2-6　A 户型排水系统图

第3章 建筑消防系统

学习目标

- 了解建筑消防系统的分类。
- 了解室内消火栓系统的设置原则。
- 掌握室内消火栓系统的组成
- 掌握消火栓给水系统的给水方式。
- 理解自动喷水灭火系统。

随着人们生活水平的提高，家庭中的电器用品越来越多、装修档次越来越高、气体能源的普及、家庭中贵重物品越来越多，从而使发生火灾的可能性、危险性也越来越大。设计建筑消防灭火系统是必要的。

建筑消防灭火系统根据使用灭火剂的种类和灭火方式一般分为三种：室内消火栓灭火系统、自动喷水灭火系统、其他灭火系统。建筑消火栓系统是指用水作为灭火剂的消防系统，其灭火机理主要是冷却降温，可用于可燃固体（一般为有机物，如棉、麻、木材等）引起的火灾。其中，建筑消火栓系统可分为室外消火栓系统和室内消火栓系统，它们之间有明确的消防范围，虽承担不同的消防任务，但又有紧密的衔接性，配合和协同工作关系。

3.1 室内消火栓给水灭火系统

3.1.1 室内消火栓系统的设置原则

3.1.1.1 应设置室内消火栓系统的建筑

① 建筑面积大于 $300m^2$ 的厂房和仓库。

② 体积大于 $5000m^3$ 的车站、码头、机场的候车（船、机）建筑，展览建筑，商店建筑，旅馆建筑，医疗建筑和图书馆建筑等单、多层建筑。

③ 特等、甲等剧场，超过 800 个座位的其他等级的剧场和电影院等，以及超过 1200 个座位的礼堂、体育馆等单、多层建筑。

④ 建筑高度大于 15m 或体积大于 $10000m^3$ 的办公建筑、教学建筑和其他单、多层民用建筑。

⑤ 高层公共建筑和建筑高度大于 21m 的住宅建筑。

⑥ 国家级文物保护单位的重点砖木或木结构的古建筑。

人员密集的公共建筑、建筑高度大于 100m 和建筑面积大于 200m² 的商业服务网点应设置消防软管卷盘或轻便消防水龙带。

3.1.1.2　不设置室内消火栓的建筑

符合下述规定的建筑可不设置室内消火栓系统，但宜设置消防软管卷盘或轻便消防水龙带。

① 耐火等级为一、二级且可燃物较少的单层及多层丁、戊类厂房（仓库）。

② 耐火等级为三、四级且建筑面积不大于 3000m² 的丁类厂房和建筑体积不大于 5000m³ 的戊类厂房（仓库）。

③ 粮食仓库、金库、远离城镇且无人值班的独立建筑。

④ 存有与水接触能引起燃烧爆炸的物品的建筑物。

⑤ 室内无生产、生活给水管道，室外消防用水取自贮水池且建筑体积不大于 5000m³ 的其他建筑。

3.1.2　室内消火栓系统的组成

室内消火栓给水系统一般由消火栓设备、消防水池、消防水箱、水泵接合器、消防管道及增压水泵等组成。

3.1.2.1　消火栓设备

室内消火栓是通过带有阀门的接口向火场供水的室内固定消防设施，通常安装在消火栓箱内。室内消火栓设备由水枪、水龙带、消火栓及消防软管卷盘组成，如图 3-1 所示。

（1）水枪

① 水枪的规格。水枪为锥形的喷嘴，口径有 13mm、16mm、19mm 三种。13mm 口径水枪只能配 $DN50$ 的水龙带，19mm 口径水枪只能配 $DN65$ 的水龙带，16mm 口径水枪既可以配 $DN50$ 的水龙带也可以配 $DN65$ 的水龙带。低层建筑的消火栓可选用 13mm 或 16mm 口径水枪。

② 水枪的充实水柱。充实水柱是指靠近水枪的一段密集不分散的射流，充实水柱长度是直流水枪灭火时的有效射程，是水枪射流中在 26～38mm 直径圆断面内、包含全部水量 75%～90% 的密实水柱长度。根据防火要求，从水枪射出的水流应具有射到着火点

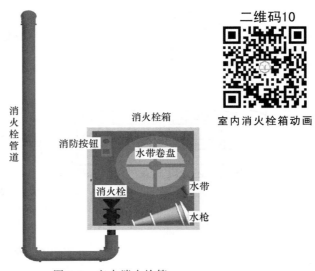

二维码10

室内消火栓箱动画

图 3-1　室内消火栓箱

和足够冲击扑灭火焰的能力。火灾发生时，火场能见度低，要使水柱能喷到着火点、防止火焰的热辐射和着火物下落烧伤消防人员，消防员必须距着火点有一定的距离，因此要求水枪的充实水柱应有一定长度。

根据实验数据统计，当水枪充实水柱长度小于 7m 时，火场的辐射热会使消防人员无法接近着火点、达到有效灭火的目的；当水枪的充实水柱长度大于 15m 时，因射流的反作用力而使消防人员无法把握水枪灭火，水枪的充实水柱应经计算确定。

（2）水龙带　水龙带为引水的软管，一般用麻丝或化纤材料制成，可以衬橡胶，口径有 $DN50$、$DN65$ 两种，长度有 15m、20m、25m、30m 四种。

（3）消火栓

① 消火栓类型。消火栓是一种带内扣接头的球形阀门，一端接消防立管，一端接水龙带。单出口消火栓的直径有 65mm、50mm 两种规格，双出口只有 65mm 一种规格。单出口消火栓 65mm 有减压型、旋转型等，双出口 65mm 消火栓有减压型、单阀双出口、双阀双出口等。

② 消火栓的保护半径。消火栓的保护半径是指某种规格的消火栓、水枪和一定长度水带配套后，并考虑当消防人员使用该设备时有一定安全保护条件下，以消火栓为圆心，消火栓能充分发挥其作用的半径。消火栓的保护半径经计算确定，并且在高层工业建筑，高架库房，甲、乙类厂房室内消火栓的间距不应超过 30m；其他单层和多层建筑室内消火栓的间距不应超过 50m。

当室内宽度较小，只有一排消火栓，并且要求有一股水柱达到室内任何部位时，可按图 3-2（a）布置；当室内只有一排消火栓，且要求有两股水柱同时达到室内任何部位时，可按图 3-2（b）布置；当房间较宽，需要布置多排消火栓，且要求有一股水柱达到室内任何部位时，可按图 3-2（c）布置；当室内需要布置多排消火栓，且要求有两股水柱达到室内任何部位时，可按图 3-2（d）布置。

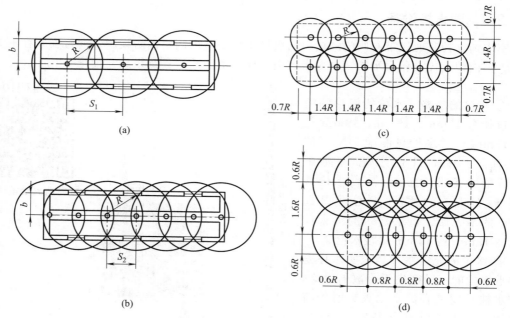

图 3-2　室内消防栓保护半径

（4）消防软管卷盘　消防软管卷盘一般安装在室内消火栓箱内，以水为灭火剂，在启用室内消火栓之前，供建筑物内非消防专门人员自救扑灭 A 类初起火灾。与室内消火栓相比，其具有设计体积小，操作轻便、灵活等优点。消防软管卷盘由阀门、输入管路、卷盘、软管、喷枪、固定支架、活动转臂等组成。栓口直径为 25mm，配备的胶带内径不小于 19mm。软管的长度有 20m、25m、30m 三种规格。喷嘴的口径不小于 6mm，可配直流、喷雾两用喷枪。消防卷盘的间距应保证有一股水流能到达室内地面的任何部位，消防卷盘的安装高度应便于取用。

3.1.2.2　消防水箱

消防水箱是指在灭火救援活动中提供水源的消防设施。一方面，可使消防给水管道充满水，节省消防水泵开启后充满管道的时间，为扑灭火灾赢得时间；另一方面，屋顶设置的增压、稳压系统和水箱能保证消防水枪的充实水柱，对于扑灭初期火灾的成败有决定性作用。一般采用消防水箱和生活水箱合用，以保证箱内贮存水保持流动，防止水质变坏，同时水箱的安装高度应保证建筑物内最不利点消火栓所需水压要求，贮存水量应满足室内 10min 消防用水量。

3.1.2.3　消防水泵

消防水泵是担负消防供水任务的设备。消防水泵应设置备用泵，且应采用自灌式吸水。一组消防水泵的吸水管不应少于两条，消防泵房应有不少于两条的出水管与消防管网连接，且任意一条管道都能通过全部的消防水量。消防水泵应保证火警后 5min 内开始工作，并在火场断电时能正常工作。

3.1.2.4　水泵接合器

水泵接合器是连接消防车向室内消防给水系统加压供水的装置，如图 3-3 所示。一端由消防给水管网水平干管引出，另一端设于消防车易于接近的地方。水泵接合器由本体、弯管、闸阀、止回阀、泄水阀及安全阀等组成，分地上式（SQ）、地下式（SQX）、墙壁式（SQB）三种。地上式水泵接合器本身与接口高出地面，目标显著，使用方便；地下式水泵接合器安装在路面下，不占地方，不易遭到破坏，特别适用于寒冷地区；墙壁式水泵接合器安装在建筑物墙根处、墙壁上只露出两个接口和装饰标牌，目标清晰、美观、使用方便。

水泵接合器除墙壁式外，应设置在距建筑物外墙 5m 外，水泵接合器四周 15～40m 范围内，应有供消防车取水的室外消防栓或消防水池。

　　(a) 地上式　　　　　　　　　(b) 地下式　　　　　　　　(c) 墙壁式
图 3-3　水泵接合器

3.1.3　消火栓给水系统的给水方式

3.1.3.1　室外给水管网直接供水的方式

室外给水管网直接供水方式（见图 3-4）分为两种：一种是消防管道与生活（或生产）

管网共用系统；另一种是独立消防管道系统。适用于室外给水管网提供的水量和水压，在任何时候均能满足室内消火栓给水系统所需的水量、水压要求。

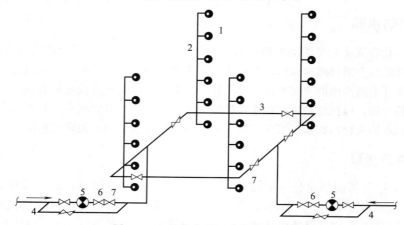

图 3-4　室外给水管网直接供水方式

1—消火栓；2—消防立管；3—横管；4—旁通管；5—水表；6—止回阀；7—闸阀

3.1.3.2　单设水箱的消火栓给水方式

单设水箱的消火栓给水方式（见图 3-5）由室外给水管网向水箱供水，箱内贮存 10min 消防用水量。火灾初期由水箱向消火栓给水系统供水；火灾延续可由室外消防车通过水泵接合器向消火栓给水系统加压供水。此方式适用于外网水压变化较大（用水量小时外网能够向高位水箱供水；用水量大时外网不能满足建筑消火栓系统的水量、水压要求）的情况。

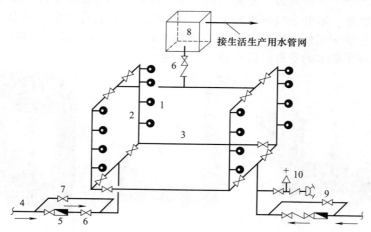

图 3-5　单设水箱的消火栓给水方式

1—消火栓；2—消防立管；3—横管；4—进户管；5—水表；6—止回阀；
7—旁通管及阀门；8—水箱；9—水泵结合器；10—安全阀

3.1.3.3　设水泵、水箱的消火栓给水方式

当室外给水管网的水压不能满足室内消火栓给水系统的水压要求时，水箱由生活水泵补水，贮存 10min 的消防用水量，供火灾初期灭火，火灾后期由消防水泵加压供水灭火。设水泵和水箱的消火栓供水方式如图 3-6 所示。

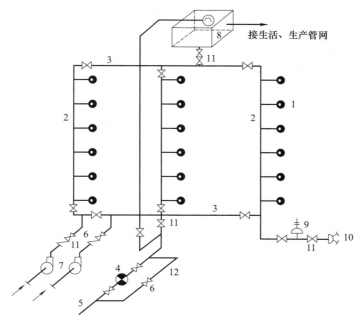

图 3-6　设水泵和水箱的消火栓供水方式

1—消火栓；2—消防立管；3—干管；4—水表节点；5—进户管；6—截止阀；
7—水泵；8—高位水箱；9—安全阀；10—水泵结合器；11—出水阀；12—旁通管

3.2 自动喷水灭火系统

自动喷水灭火系统是目前世界上使用最多的固定式灭火系统，这种灭火方式已有 100 多年的历史。据资料统计，自动喷水灭火系统扑灭初期火灾的效率可以达到 97％以上。安装自动喷水灭火系统的建筑中，约有 60％的火灾，只需要开启一个喷头即可扑灭；约有 90％的火灾，只需要开启 5 个或 5 个以下的喷头就可以扑灭。由于自动喷水喷头能够适应各种火灾危险场合，因此凡是可以用水灭火的场合都可以采用自动喷水灭火系统，如宾馆、饭店、商场、礼堂等，甚至远洋海轮上也可采用自动喷水灭火系统。一般在高层建筑、比较重要的建筑或者在建筑物中的某些部位设置自动喷水灭火系统，而其他部位采用消火栓系统。

在发生火灾时，能自动打开喷头喷水并同时发出火警信号的消防灭火设施称为自动喷水灭火系统。自动喷水灭火系统通过加压设备将水送入管网至带有热敏元件的喷头处，喷头在火灾的热环境中自动开启洒水灭火。它具有安全可靠、控火灭火成功率高、经济实用、使用期长等优点。

3.2.1 自动喷水灭火系统的组成

自动喷水灭火系统由喷头、管道系统、火灾探测器、报警控制组件和供水水源等组成。

3.2.1.1 喷头

喷头就是将有压的水喷洒成细小水滴进行洒水的设备。喷头的种类很多，按喷头是否有堵水支撑分为两类：喷头喷水口有堵水支撑的称为闭式喷头；喷头喷水口无堵水支撑的称为开式喷头。

（1）闭式喷头　闭式喷头是一种直接喷水灭火的组件，是带热敏感元件及其密封组件的自动喷头。该热敏感元件可在预定温度范围下动作，使热敏感元件及其密封组件脱离喷头主体，并按规定的形状和水量在规定的保护面积内喷水灭火。它的性能好坏直接关系着系统的启动和灭火、控火效果。

闭式喷头按热敏感元件划分，可分为玻璃球喷头和易熔元件喷头两种类型；按溅水盘的形式和安装位置有直立型、下垂型、边墙型、普通型、吊顶型和干式下垂型洒水喷头之分。闭式喷头的类型及构造如图 3-7 所示。

玻璃球洒水喷头由喷水口、玻璃球、框架、溅水盘、密封垫等组成，其释放机构总的热

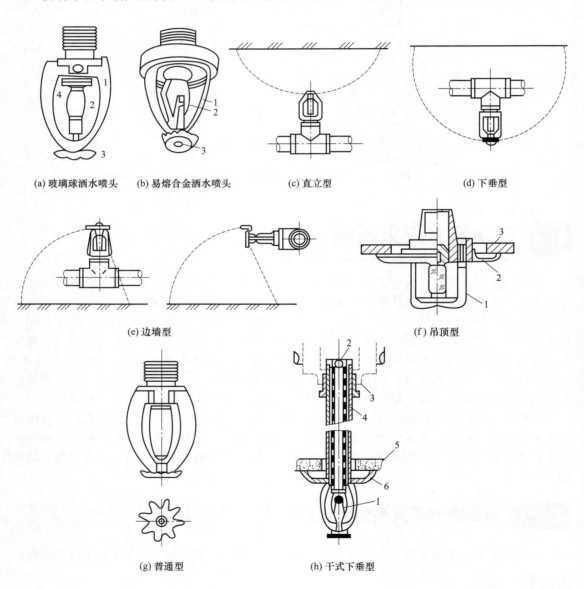

图 3-7　闭式喷头的类型及构造
1—支架；2—合金锁片；3—溅水盘；4—热敏元件；5—钢球；6—钢球密封圈

敏感元件是一个内装彩色膨胀液体的玻璃球，用它支撑喷水口的密封垫。室内发生火灾时，液体则完全充满球内全部空间，使玻璃球炸裂，喷水口的密封垫失去支撑，压力水便喷出灭火。这种喷头外形美观、体积小、重量轻、耐腐蚀，适用于美观要求较高的公共建筑和具有腐蚀性场所。

易熔元件洒水喷头的热敏感元件为易熔材料制成的元件，室内起火当温度达到易熔元件本身的设计温度时，易熔元件易硬化，释放机构脱落，压力水便喷出灭火，是一种悬臂支撑型易熔元件洒水喷头。易熔元件洒水喷头适用于外观要求不高，腐蚀性不大的工厂、仓库及民用建筑。

（2）开式喷头　开式喷头无感温元件也无密封组件，喷水动作由阀门控制，根据用途分为开启式、水幕、喷雾三种类型，外形构造如图 3-8 所示。

① 开启式洒水喷头就是无释放机构的洒水喷头，与闭式喷头的区别就在于没有感温元件及密封组件，常用于雨淋灭火系统。按安装形式可分为直立型与下垂型，按结构形式可分为单臂和双臂两种。

② 水幕喷头喷出的水呈均匀的水帘状，起阻火、隔火作用，水幕喷头有各种不同的结构形式和安装方法。

③ 喷雾喷头喷出水滴细小，其喷洒水的总面积比一般的洒水喷头大几倍，因吸热面积大，冷却作用强，同时由于水雾受热汽化形成的大量水蒸气对火焰也有窒息作用。喷雾喷头主要用于水雾系统。中速型多用于对设备整体冷却灭火，而高速型多用于带油设备的冷却灭火。

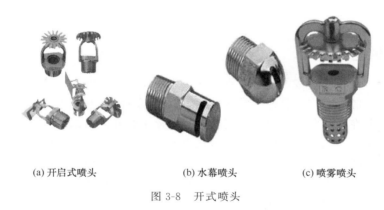

(a) 开启式喷头　　　　　(b) 水幕喷头　　　　　(c) 喷雾喷头

图 3-8　开式喷头

3.2.1.2　管道系统

自动喷水系统管道是自动喷水系统重要组成部分，主要有进水管、干管、立管、支管等。建筑物内的供水干管一般宜布置成环状，进水管不宜少于两条，当一条进水管出现故障时，另一条进水管仍能保证全部用水量和水压。在自动喷水管网上应设置水泵接合器。

3.2.1.3　火灾探测器

火灾探测器是接到火灾型号后，通过电气自控装置进行报警或启动消防设备的装置。火灾探测器是自动喷水灭火系统的重要组成部分，是系统的"感觉器官"，它的作用是监视环境中有没有火灾的发生。一旦有了火情，就将火灾的特征物理量，如温度、烟雾、气体和辐射光强等转换成电信号，并立即动作，向火灾报警控制器发送报警信号。监测装置主要有：电动的感烟、感温、感光火灾探测器系统，由电气和自控专业人设计，给排水专业人员配合。

　　火灾探测器按对现场的信息采集类型分为感烟探测器、感温探测器、复合式探测器、火焰探测器、特殊气体探测器；按对现场信息采集原理分为离子型探测器、光电型探测器、线性探测器；按在现场的安装方式分为点式探测器、缆式探测器、红外光束探测器；按探测器与控制器的接线方式分为总线制、多线制，其中总线制又分编码的和非编码的，而编码的又分电子编码和拨码开关编码。火灾探测器如图 3-9 所示。

图 3-9　火灾探测器

3.2.1.4　报警控制组件

　　（1）控制阀　它上端连接报警阀，下端连接进水立管，作用是检修管网以及灭火结束后更换喷头时关闭水源，它应一直保持常开位置，以保证系统随时处于备用状态，并用环形软锁将闸门手轮锁死在开启状态，也可用安全信号阀显示其开启状态。

　　安全信号阀是利用电信号显示阀门启闭状态的阀门，管理人员从信号显示装置可以得知每一个阀门的开关状态和开启程度，以防阀门误动作，提高了消防供水的安全度。

　　（2）报警阀　报警阀的作用是开启和关闭管网的水流，传递控制信号至控制系统并启动水力警铃直接报警，有湿式、干式、干湿式和雨淋式四种类型，如图 3-10 所示。

　　湿式报警阀组由湿式报警阀及附加的延时器、水力警铃、压力开关、压力表和排水阀等组成，主要用于湿式自动喷水灭火系统上，在其立管上安装，是湿式喷水灭火系统的核心部件，起着向喷水系统单向供水和在规定流量下报警的作用；干式报警阀用于干式自动喷水灭火系统，在其立管上安装；干湿式报警阀组是由湿式、干式报警阀依次连接而成的，在温暖季节用湿式装置、在寒冷季节用干式装置，用于干、湿交替式喷水灭火系统，既适合湿式喷水灭火系统，又适合干式喷水灭火系统的双重作用阀门；雨淋式报警阀用于雨淋、预作用、水幕、水喷雾自动喷水灭火系统。

　　（3）报警装置　报警装置主要有水力警铃、水流指示器、压力开关和延迟器。

　　水力警铃是当报警阀打开消防水源后，具有一定压力的水流冲动叶轮打铃报警，为防止由于水压波动原因引起报警阀开启而导致误报火警，在报警阀与水力警铃之间安装延迟器，延迟器是一个罐式容器，在报警阀开启后，水流需要经 30s 左右充满延迟器，然后方可打响水力警铃；水流指示器主要应用在自动喷水灭火系统之中，通常安装在每层楼宇的横干管或

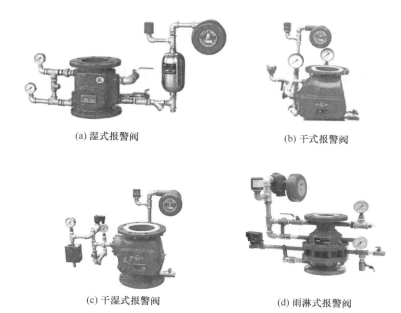

(a) 湿式报警阀　　　　　　　　　　　　(b) 干式报警阀

(c) 干湿式报警阀　　　　　　　　　　　(d) 雨淋式报警阀

图 3-10　报警阀

分区干管上，对干管所辖区域，起监控及报警作用，当某区域发生火警，喷水灭火，输水管中的水流推动水流指示器的桨片，可将水流动的信号转换为电信号，对系统实施监控；压力开关安装在延迟器后，水力警铃入水口前的垂直管道上，在水力警铃报警的同时，接通电触点而使电气报警，向消防中心报警或启动消防水泵。

3.2.1.5　供水水源

自动喷水灭火系统供水水源主要是消防水池、高位消防水箱、消防水泵接合器等。

（1）消防水池　有自动喷水灭火系统的建筑物，下列情况应设消防水池：①给水管道和天然水源不能满足消防用水量；②给水管道为枝状或只有一条进水管道。

消防水池的容量应以火灾延续时间不小于 1h 计算，但若在发生火灾时能保证连续送水，则水池容量可减去火灾延续时间内连续补充的水量。消防用水与其他用水合用水池时，应有确保消防用水不被它用的技术措施。

（2）高位消防水箱　采用临时高压给水系统的自动喷水灭火系统，应设高位消防水箱，其贮水量应符合现行有关国家标准的规定。消防水箱的供水，应满足系统最不利点处喷头的最低工作压力和喷水强度。

建筑高度不超过 24m 并按轻危险级或中危险级场所设置湿式系统、干式系统或预作用系统时，如设置高位消防水箱确有困难，应采用 5L/s 流量的气压给水设备供给 10min 初期用水量。消防水箱的出水管应设止回阀，并应与报警阀入口前管道连接，轻危险级、中危险级场所的系统，管径不应小于 80mm，严重危险级和仓库危险级不应小于 100mm。自动喷水灭火系统消防用水与其他用水合用水箱时，应有确保消防用水不被它用的技术措施。

（3）消防水泵接合器　自动喷水灭火系统应设水泵接合器，当自动喷水灭火消防水泵因检修、停电、发生故障或消防用水量不足时，需要利用消防车从消火栓、消防蓄水池或天然水源取水，通过水泵接合器送至室内管网，供灭火用水。

水泵接合器的设置数量应按室内消防用水量确定，每个水泵接合器的流量应按 10～15L/s 计算。当计算出来的水泵接合器数量少于 2 个时，仍应采用 2 个，以利安全。采用分

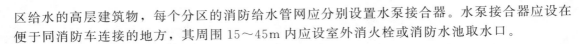

区给水的高层建筑物，每个分区的消防给水管网应分别设置水泵接合器。水泵接合器应设在便于同消防车连接的地方，其周围 15～45m 内应设室外消火栓或消防水池取水口。

3.2.2 自动喷水灭火系统的分类及工作原理

根据喷头的开、闭形式和管网充水与否分为以下几种系统：湿式自动喷水灭火系统、干式自动喷水灭火系统、干湿两用自动喷水灭火系统、预作用自动喷水灭火系统、雨淋喷水灭火系统、水幕灭火系统和水喷雾灭火系统七种类型。前四种称为闭式自动喷水灭火系统，后三种称为开式自动喷水灭火系统。

3.2.2.1 湿式自动喷水灭火系统

湿式自动喷水灭火系统（简称湿式系统）为喷头常闭的系统，管网内平时充满了压力水。该系统是世界上使用时间最长、应用最广泛的，而且也是控火率最高的一种闭式自动喷水灭火系统。目前在世界上所安装的自动喷水灭火系统中，有 70% 以上是湿式系统。该系统由闭式喷头、湿式报警阀、报警装置、管网、水流指示器及供水设施等组成，如图 3-11 所示。

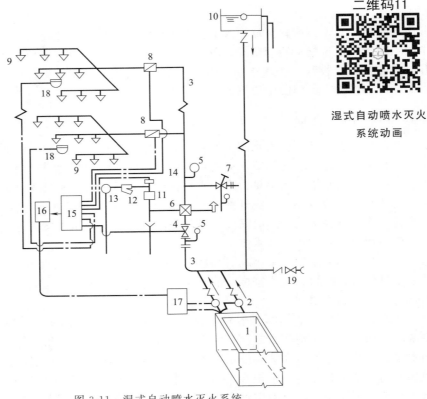

二维码11

湿式自动喷水灭火系统动画

图 3-11 湿式自动喷水灭火系统

1—消防水池；2—消防泵；3—管网；4—控制阀；5—压力表；6—湿式报警阀；7—泄放试验阀；8—水流指示器；9—喷头；10—高位水箱、稳压泵或气压给水设备；11—延迟器；12—过滤器；13—水力警铃；14—压力开关；15—报警控制器；16—联动控制器；17—水泵控制箱；18—探测器；19—截止阀

其工作原理为：火灾发生的初期，建筑物的温度随之不断上升，当温度上升到以闭式喷头温感元件爆破或熔化脱落时，喷头即自动喷水灭火。此时，管网中的水由静止变为流动，

水流指示器被感应送出电信号，在报警控制器上指示某一区域已在喷水。持续喷水造成报警阀的上部水压低于下部水压，其压力差值达到一定值时，原来处于闭装的报警阀就会自动开启。此时，消防水通过湿式报警阀，流向干管和配水管供水灭火。同时一部分水流沿着报警阀的环形槽进入延迟器、压力开关及水力警铃等设施发出火警信号。此外，根据水流指示器和压力开关的信号或消防水箱的水位信号，控制箱内控制器能自动启动消防泵向管网加压供水，达到持续自动供水的目的。这一系列的动作，大约在喷头开始喷水后 30s 内即可完成。

　　该系统具有结构简单，使用方便、可靠，便于施工、管理，灭火速度快、控火效率高，比较经济、适用范围广的优点，但由于管网中充以有压水，当渗漏时会损坏建筑装饰和影响建筑的使用。适于安装在常年室温不低于 4℃ 且不高于 70℃ 能用水灭火的建筑物、构筑物内。

3.2.2.2　干式自动喷水灭火系统

　　干式自动喷水灭火系统平时报警阀后管网充以有压气体，水源至报警阀前端的管段内充以有压水。管网中平时不充水，对建筑物装饰无影响，对环境温度也无要求。干式系统主要由闭式喷头、管网、干式报警阀、充气设备、报警装置和供水设备组成。

　　干式自动喷水灭火系统是为了满足寒冷和高温场所安装自动喷水灭火系统的需要，适用于环境温度低于 4℃ 和高于 70℃ 的建筑物和场所，如不采暖的地下停车场、冷库等。火灾发生时，火源处温度上升，使火源上方喷头开启，首先排出管网中的压缩空气，于是报警阀后管网压力下降，干式报警阀阀前压力大于阀后压力，干式报警阀开启，水流向配水管网，并通过已开启的喷头喷水灭火。干式自动喷水灭火系统如图 3-12 所示。

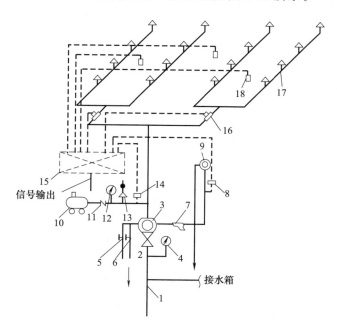

图 3-12　干式自动喷水灭火系统

1—供水管；2—闸阀；3—干式阀；4,12—压力表；5,6—截止阀；7—过滤器；8,14—压力开关；
9—水力警铃；10—空压机；11—止回阀；13—安全阀；15—火灾报警控制箱；
16—水流指示器；17—闭式喷头；18—火灾探测器

3.2.2.3　干湿两用式自动喷水灭火系统

干湿两用式自动喷水灭火系统是在干式系统的基础上产生的，为了克服干式系统灭火效率低的缺点，交替使用干式系统和湿式系统的一种闭式自动喷水灭火系统。干湿式系统的组成与干式系统大致相同，只是将干式报警阀改为干湿两用阀或干式报警阀与湿式报警阀组合阀。干湿式系统在冬季，喷水管网中充满有压气体，其工作原理与干式系统相同。在温暖季节，管网内改为充水，其工作原理与湿式系统相同。这种系统适用于环境温度低于 4℃、高于 70℃的局部区域，如小型冷库、蒸汽管道、烘房等部位。

3.2.2.4　预作用自动喷水灭火系统

预作用自动喷水灭火系统主要由闭式喷头、管道系统、预作用阀组、充气设备、供水设备、火灾探测报警器、雨淋阀、控制组件等组成。预作用系统同时具备了干式喷水灭火系统和湿式喷水灭火系统的特点，而且还克服了干式喷水灭火系统控火灭火率低，湿式系统易产生水渍的缺陷，可以代替干式系统提高灭火速度，也可代替湿式系统用于管道和喷头易于被损坏而产生喷水和漏水，以致造成严重水渍的场所，所以该系统构造复杂。

3.2.2.5　雨淋喷水灭火系统

雨淋喷水灭火系统（简称雨淋系统）由开式喷头、管道系统、雨淋报警阀组、火灾探测器、报警控制装置、控制组件和供水设备等组成。雨淋系统的特点是：系统反应快，雨淋系统的火灾探测传动控制系统报警时间短，反应时间比闭式喷头开启的时间短，如果采用充水式雨淋系统，反应速度更快，有利于尽快出水灭火，能有效地控制火灾；系统灭火控制面积大，用水量大；实际应用中，系统形式的选择比较灵活。

3.2.2.6　水幕灭火系统

水幕灭火系统（简称水幕系统）的喷头沿线状布置，发生火灾时，主要起阻火、冷却、隔离的作用，它是唯一一个不以直接灭火为主要目的的系统。水幕系统又可以分为两种：充水式水幕系统和空管式水幕系统。水幕系统与雨淋系统一样，主要由三部分组成：火灾探测传动控制系统、控制阀门系统和带水幕喷头的自动喷水灭火系统。其中，控制阀可以是雨淋阀、电磁阀，也可以是手动闸阀。简单的水幕系统通常只包括水幕喷头、管网和手动闸阀。在易燃易爆场合，应采用自动开启系统，如火灾探测器与电磁阀联动的开启系统。

水幕系统的作用方式与雨淋系统相同，由火灾探测器或者人发现火灾，电动或手动开启控制阀，系统供水，水幕喷头喷水阻火。该系统适用于需要防火隔离的开口部位，一般安装在舞台口、门窗、建筑上的孔洞口处，用来隔断火源，使火灾不能通过这些孔洞蔓延。水幕系统还可以配合防火卷帘、防火幕等一起使用，用来冷却这些防火隔断物，以增强防火卷帘、防火幕等的耐火性能。

3.2.2.7　水喷雾灭火系统

水喷雾系统采用的喷雾喷头，把水粉碎成细小的水雾滴后喷射到正在燃烧的物质表面，通过表面冷却、窒息、乳化、稀释的同时作用实现灭火。

水喷雾系统与雨淋系统一样，都是开式系统。从系统的组成、控制方式到工作原理都与雨淋系统相同，区别只是在于水喷雾系统采用的是喷雾喷头，而不是雨淋系统中的开式喷头。

3.3 其他灭火系统简介

3.3.1 气体灭火系统

在消防领域应用最广泛的灭火剂就是水。但对于扑灭可燃气体、可燃液体、电器火灾以及计算机房、重要文物档案库、通信广播机房、微波机房等不宜用水灭火的火灾，气体消防是最有效、最干净的灭火手段。

传统的灭火气体一是卤代烷 1211 及 1301，二是二氧化碳。但由于传统灭火剂会破坏大气臭氧层，已分别在 2005 年及 2010 年停止生产，目前推广使用的洁净气体灭火剂为七氟丙烷（HFC-227ea、FM-200）。七氟丙烷是一种无色、无味、低毒性、绝缘性好、无二次污染的气体，对大气臭氧层的耗损潜能值为零，是目前替代卤代烷灭火剂最理想的替代品。七氟丙烷灭火系统主要适用于计算机房、通信机房、配电房、油浸变压器、自备发电机房、图书馆、档案室、博物馆及票据、文物资料库等场所，可用于扑救电气火灾、液体火灾或可熔化的固体火灾，固体表面火灾及灭火前能切断气源的气体火灾。

3.3.2 干粉灭火系统

它是以干粉作为灭火剂的灭火系统。干粉灭火剂是一种干燥的、易于流动的细微粉末，平时贮存于干粉灭火器或干粉灭火设备中，灭火时由加压气体（二氧化碳或氮气）将干粉从喷嘴射出，形成一股携带着加压气体的雾状粉流射向燃烧物。

干粉灭火剂对燃烧有抑制作用，当大量的粉粒喷向火焰时，可以吸收维持燃烧连锁反应的活性基团，随着活性基团的急剧减少，使燃烧连锁反应中断、火焰熄灭；此外，某些化合物与火焰接触时，其粉粒受高热作用后爆裂成许多更小的颗粒，从而大大增加了粉粒与火焰的接触面积，提高了灭火效力；另外，使用干粉灭火剂时，粉雾包围了火焰，可以减少火焰的热辐射，同时粉末受热放出结晶水或发生分解，可以吸收部分热量而分解生成不活泼气体。

干粉有普通型干粉（BC 类）、多用途干粉（ABC 类）和金属专用灭火剂（D 类火灾专用干粉）。BC 类干粉根据其制造基料的不同有钠盐、钾盐及氨基干粉之分。这类干粉适用于扑救易燃、可燃液体如汽油、润滑油等火灾，也可用于扑救可燃气体（液化气、乙炔气等）和带电设备的火灾。

干粉灭火系统按其安装方式有固定式、半固定式之分。按其控制启动方法又有自动控制、手动控制之分。按其喷射干粉的方式有全淹没和局部应用系统之分。

3.3.3 泡沫灭火系统

泡沫灭火的工作原理是应用泡沫灭火剂，使其与水混溶后产生一种可漂浮，黏附在可燃、易燃液体或固体表面，或者充满某一着火物质的空间，起到隔绝、冷却的作用，使燃烧物质熄灭。泡沫灭火系统广泛应用于油田、炼油厂、油库、发电厂、汽车库、飞机库及矿井坑道等场所。

泡沫灭火剂按其成分有化学泡沫灭火剂、蛋白质泡沫灭火剂及合成型泡沫灭火剂等几种类型。泡沫灭火系统按其使用方式有固定式、半固定式和移动式之分；按泡沫喷射方式有液上喷射、液下喷射和喷淋方式之分；按泡沫发泡倍数有低倍、中倍和高倍之分。

化学灭火剂是由结晶硫酸铝 $[Al_2(SO_4)_3 \cdot H_2O]$ 和碳酸氢钠（$NaHCO_3$）组成。使用时使两者混合反应后产生 CO_2 灭火，我国目前仅用于装填在灭火器中手动使用。

合成型泡沫灭火剂目前国内应用较多的有凝胶型、水成膜和高倍数等三种合成型泡沫液。

本章小结

1. 室内消火栓由水枪、水龙带、消火栓及消防软管卷盘组成。

2. 消火栓给水系统的给水方式包括室外给水管网直接供水的方式、单设水箱的消火栓给水方式和设水泵、水箱的消火栓给水方式。

3. 自动喷水灭火系统由喷头、管道系统、火灾探测器、报警控制组件和供水水源等组成。

4. 自动喷水灭火系统七种类型包括湿式自动喷水灭火系统、干式自动喷水灭火系统、干湿两用自动喷水灭火系统、预作用自动喷水灭火系统、雨淋喷水灭火系统、水幕灭火系统和水喷雾灭火系统。

5. 其他灭火系统的简介。

思考与练习

1. 消火栓系统的组成有哪些？消火栓供水方式有哪些？

2. 简述消火栓系统安装工艺。

3. 自动喷水灭火系统主要包括哪些系统？

4. 简述湿式喷水灭火系统的工作原理。

5. 喷头主要有哪些类型？

6. 预作用喷水灭火系统与湿式、干式系统相比，其优点是什么？

7. 简述其他常用建筑灭火系统。

第4章 建筑供暖系统

学习目标

- 熟悉供暖系统的组成、分类。
- 熟悉供暖系统的工作原理及热水供暖系统的形式。
- 了解供暖系统中的各设备。
- 掌握供暖工程施工图的常用图例、表示方法及其识读方法。

4.1 供暖系统的组成及分类

所谓供暖，是指根据热平衡原理，在冬季以一定方式向房间补充热量，以维持人们正常生活和生产所需要的环境温度。供暖系统，是指由热源通过管道系统向各幢建筑物或各用户提供热媒、供给热量的系统。

4.1.1 供暖系统的组成

供暖系统主要由热源、供暖管道、散热设备三个基本部分组成。

（1）热源　热源是指使燃料燃烧产生热，将热媒加热成热水或蒸汽的部分。主要有热电厂、区域锅炉房、热交换站（又称热力站）等，还可采用水源热泵机组、太阳能及余热、废热等。

（2）供暖管道　供暖管道是指热源和散热设备之间的连接管道。它将热媒输送到各个散热设备，包括供水、回水循环管道。

（3）散热设备　散热设备是指将热量传至所需空间的设备，主要有散热器、热水辐射管等。

4.1.2 供暖系统的分类

4.1.2.1 按作用范围分

供暖系统按作用范围不同，可分为以下几种。

（1）局部供暖系统　指热源、供暖管道和散热设备都在供暖房间内，为使局部区域或工作地点保持一定的温度要求而设置的供暖系统。系统的作用范围很小，如火炕、电暖气等。

（2）集中供暖系统　指热源和散热设备分别设置，以集中供热或分散锅炉房作热源，通过管道系统向多个建筑物供给热量的系统。

（3）区域供暖系统　指城市某一区域的集中供热系统。这种供暖系统的作用范围大、节能、可减少城市污染。

4.1.2.2　按使用热媒的种类分

供暖系统按使用热媒的种类不同，可分为以下几种。

（1）热水供暖系统　以热水作为热媒的供暖系统，主要用于民用建筑。

（2）蒸汽供暖系统　以蒸汽作为热媒的供暖系统，主要应用于工业建筑。

（3）热风供暖系统　以热空气作为热媒的供暖系统，如暖风机、热空气幕等。

（4）烟气供暖系统　以高温烟气作为热媒，直接利用燃料燃烧时所产生的高温烟气在流动过程中向供暖房间散出热量，如火墙、火炕等。

4.1.2.3　按供暖时间分

供暖系统按供暖时间的不同，可分为以下几种。

（1）连续供暖系统　适用于全天使用的建筑物，是使供暖房间全天均能达到设计温度的供暖系统。

（2）间歇供暖系统　适用于非全天使用的建筑物，是使供暖房间在使用时间内达到设计温度，而在非使用时间内可以自然降温的供暖系统。

（3）值班供暖系统　在非工作时间或中断使用的时间内，使建筑物保持最低室温要求（以免冻结）所设置的供暖系统。

4.2　热水供暖系统

在热水供暖系统中，热媒是热水。热源产生热水，经过供暖管道流向房间的供热设备中，散出热量后经管道流回热源，重新被加热。热水供暖系统，可按下列方法分类。

① 按热水供暖循环动力的不同，可分为自然循环系统和机械循环系统。热水供暖系统中的水如果是靠供回水温度差产生的压力循环流动的，称为自然循环热水供暖系统；系统中的水若是靠循环水泵强制循环的，称为机械循环供暖系统。

② 按供、回水方式的不同，可分为单管系统和双管系统。单管系统又分单管顺流式和单管跨越式。热水依次流入各组散热器放热冷却，之后流回热源的单管，称为单管顺流式。沿着供给散热器热水流动方向，第一个散热的热水由供热水管直接供给，其后各散热器中的热水由两部分组成，一部分由供热水管直接供给，另一部分是前面散热器放热后流出的热水，这种方式称为单管跨越式。热水经供水立管或水平供水管平行地分配给各组散热器，冷却后的回水自每个散热器直接沿回水立管或水平回水管流回热源的系统，称为双管系统。

③ 按系统管道敷设方式不同，可分为垂直式系统和水平式系统。

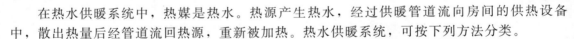

4.2.1　自然循环热水供暖系统

自然循环热水供暖系统的工作原理：假设整个系统只有一个散热中心（散热器）和一个

加热中心（锅炉），用供水管和回水管把锅炉与散热器相连接。在系统的最高处连接一个膨胀水箱，用它容纳水在受热后膨胀而增加的体积和排除系统中的空气。

二维码12

自然循环热水供暖系统的工作原理三维漫游模型

系统充水后，水在锅炉中被加热，水温升高而密度变小，沿供水管上升流入散热设备；热水在散热设备中放热后，水温降低而密度增加，沿回水管流回锅炉再次加热，热水不断被加热和放热，如此循环流动。

假设循环环路内，水温只在锅炉（加热中心）和散热器（冷却中心）两处发生变化。又假想在循环环路最低点的断面 A—A 处有一个阀门。若突然将阀门关闭，则在断面 A—A 两侧受到不同的水柱压力。这两侧所受到的水柱压力差就是驱使水在系统内进行循环流动的作用压力。

设 $P_右$ 和 $P_左$ 分别表示 A—A 断面右侧和左侧的水柱压力，则

$$P_右 = g(h_0\rho_h + h\rho_k + h_a\rho_g)$$
$$P_左 = g(h_0\rho_h + h\rho_g + h_1\rho_g)$$

断面 A—A 两侧之差值，即系统的循环作用压力，为

$$\Delta P = P_右 - P_左 = gh(\rho_h - \rho_g) \tag{4-1}$$

式中　ΔP——自然循环系统的作用压力，Pa；

g——重力加速度，m/s^2（取 $9.81 m/s^2$）；

h——冷却中心至加热中心的垂直距离，m；

ρ_h——回水密度，kg/m^3；

ρ_g——供水密度，kg/m^3。

由式（4-1）可见，起循环作用的只有散热器中心和锅炉中心之间这段高度内的水柱密度差。如供水温度为 95℃，回水温度为 70℃，则每米高差可产生的作用压力为

$$\Delta P = gh(\rho_h - \rho_g) = 9.81 \times 1 \times (977.84 - 961.92) = 156 Pa$$

4.2.2　机械循环热水供暖系统

机械循环热水供暖系统是依靠循环水泵提供的动力使热水循环流动的供暖系统。它的作用压力比自然循环供暖系统大得多，因此系统的作用半径大，是应用最多的供暖系统。

机械循环热水供暖系统的形式多样，主要有垂直式和水平式两大类。

4.2.2.1　垂直式系统

所谓垂直式供暖系统，是指热媒沿垂直方向供给各楼层的散热器并放出热量的供暖系统。这种系统穿楼板的立管较多，施工难度大，耗用管材多，系统总造价高；优点是系统的空气排除效果较好。

（1）上供下回式系统　如图 4-1 所示，该系统的供水干管敷设在所有散热器之上（顶层顶棚下或吊顶内），水流沿散热器立、支管自上而下流过各楼层散热器，回水干管敷设在底层（地下室、地沟内或底层地面上）。图中，立管 Ⅰ、Ⅱ 为垂直双管式系统，立管 Ⅲ 为垂直单管顺流式系统，立管 Ⅳ 为垂直单管跨越管式系统。其中，垂直双管式系统各楼层散热器均形成独立的循环环路，由于受到自然循环作用压力的影响，存在着沿垂直方向各楼层温度逐层降低的垂直失调现象。因此，垂直双管系统的建筑物层数不宜超过 4 层。上供下回式系统在工程实际中应用较为广泛。

（2）下供下回式系统　如图 4-2 所示，该系统的供、回水干管都敷设在底层散热器的下面（地下室、地沟内或底层地面上）。由于供、回水干管集中布置在下部，干管的无效热损

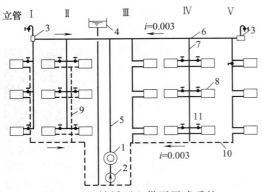

图 4-1　机械循环上供下回式系统

1—热水锅炉；2—循环水泵；3—集气装置；4—膨胀
水箱；5—总立管；6,7—供水立管；8—散热
器；9,10—回水立管；11—温度调节阀

失小，系统的安装可以配合土建施工进度进行。但系统的空气排除困难，因此应设专用空气管排气或在顶层散热器上设手动放气阀排气。该系统适用于顶层天棚难以布置管道的建筑物。

（3）下供上回式（倒流式）系统　如图4-3所示，该系统的供水干管敷设在下部（地下室、地沟内或底层地面上），回水干管敷设在顶部（顶层顶棚或吊顶内），水流沿散热器立支管自下而上流动，故亦称倒流式系统。适用于高温热水供暖系统，可以有效避免高温水汽化。

（4）中供式系统　如图4-4所示，该系统的总供水干管敷设在系统的中部。总供水干管以下为上供下回式；总供水干管以上可以采用下供下回式，如图4-4（a）所示，也可采用上供下回式，如图4-4（b）所示。该系统适用于顶层顶棚难以布置管道的建筑物，能减轻上供下回式系统楼层过多而易出现的垂直失调现象。

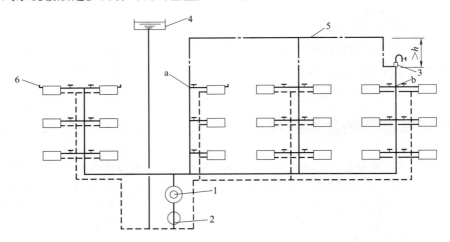

图 4-2　机械循环下供下回式系统

1—热水锅炉；2—水泵；3—集气装置；4—膨胀水箱；5—空气管；6—手动放气阀

（5）同程式系统与异程式系统　供暖系统中，若通过供暖系统各循环环路的总长度都不相同，称为异程式系统，如图4-5所示，图中Ⅰ、Ⅱ、Ⅲ代表三种不同的简化循环环路。异程式系统容易出现近热远冷（相对于距离系统热力入口的远近而言）的水平失调现象。若通过供暖系统各循环环路的总长度基本相等，称为同程式系统，如图4-6所示。同程式系统能够克服水平失调现象，但耗用管材较多。

4.2.2.2　水平式系统

所谓水平式系统，是指热媒沿水平方向供给楼层的各组散热器并放出热量的供暖系统。这种系统构造简单，管道穿楼板少，施工简便，节省管材，系统总造价低。缺点是系统的空气排出较麻烦，应在每组散热器上装设手动放气阀排气。

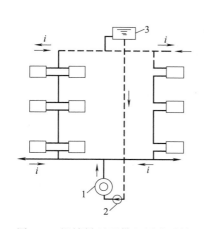

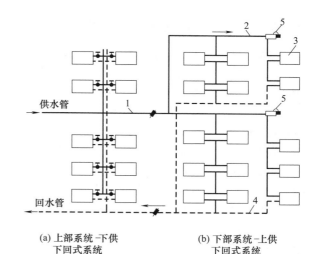

图 4-3　机械循环下供上回式系统

1—热水锅炉；2—循环水泵；3—膨胀水箱

(a) 上部系统-下供
下回式系统　　　　(b) 下部系统-上供
下回式系统

图 4-4　中供式系统

1—中部供水管；2—上部供水管；3—散热气；
4—回水管；5—集气罐

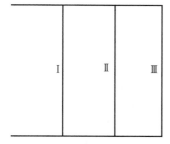

图 4-5　异程式供暖系统

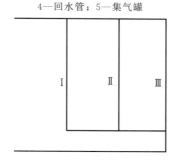

图 4-6　同程式供暖系统

水平式系统按水平管与散热器的连接方式不同，有水平单管串联式（又称水平单管顺流式）和水平单管跨越管式系统，如图 4-7 所示。

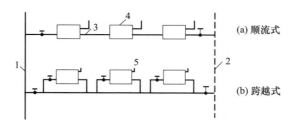

(a) 顺流式

(b) 跨越式

图 4-7　单管水平式

1—供水立管；2—回水立管；3—横支管；4—散热器；5—放气阀

4.2.3　高层建筑热水供暖系统的常用形式

高层建筑由于层数多、高度大，因此建筑物热水供暖系统产生的静压较大，垂直失调问题也较严重。应根据散热器的承压能力、室外供热管网的压力状况等因素来确定系统形式。

目前，国内高层建筑热水供暖系统的常用形式有以下三种。

4.2.3.1 竖向分区式供暖系统

高层建筑热水供暖系统在垂直方向分成两个或两个以上的独立系统,称为竖向分区式供暖系统。建筑物高度超过50m时,热水供暖系统宜竖向分区设置。系统的低区通常与室外管网直接连接,按高区与室外管网的连接方式主要分为以下两种。

(1)设热交换器的分区式供暖系统 如图4-8所示,该系统的高区通过热交换器与外网间接连接。热交换器作为高区的热源,高区设有循环水泵、膨胀水箱,独立成为与外网压力隔绝的完整系统。这种系统比较可靠,适用于外网是高温水的供暖系统。

(2)双水箱分区式供暖系统 如图4-9所示,该系统将外网的水直接引入高区,当外网的供水压力低于高层建筑物的静压时,可在供水管上设加压水泵,使水进入高区上部的进水箱。高区的回水箱设非满管流动的溢流管与外网回水管相连。两水箱与外网压力隔绝,利用俩水箱高差 h 使水在高区内自然循环流动。这种系统的投资比设热交换器低,但由于采用开式水箱,易使空气进入系统,增加了系统的腐蚀因素,适用于外网是低温水的供暖系统。

4.2.3.2 双线式供暖系统

高层建筑的双线式供暖系统能分环路调节,因为在每一环路上均设置有节流孔板、调节阀门。主要有以下两种。

(1)垂直双线单管式供暖系统 如图4-10(a)所示,系统的散热器立管由上升立管和下降立管(双线立管)组成,垂直方向各楼层散热器的热媒平均温度近似相同,有利于避免垂直失调现象。系统在每根回水立管末端设置节流孔板,以增大各立管环路的阻力,可减轻水平失调现象。

(2)水平双线单管式供暖系统 如图4-10(b)所示,系统水平方向各组散热器的热媒平均温度近似相同,有利于避免水平失调现象。系统在每根水平管线上设置调节阀进行分层流量调节,在每层水平回水管线末端设置节流孔板,以增大各水平环路的阻力,可减轻垂直失调现象。

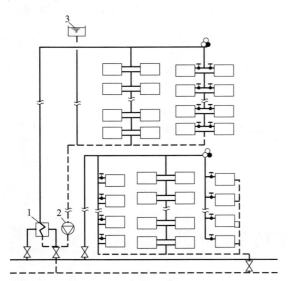

图 4-8 设热交换器的分区式供暖系统
1—换热器;2—循环水泵;3—膨胀水箱

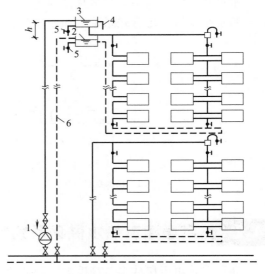

图 4-9 双水箱分区式供暖系统
1—加压水泵;2—回水箱;3—进水箱;4—进水箱溢流管;
5—信号管;6—回水箱溢流管

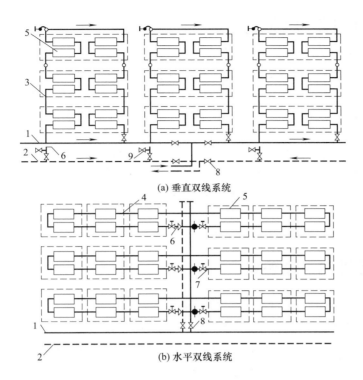

(a) 垂直双线系统

(b) 水平双线系统

图 4-10　双线式热水供暖系统

1—供水干管；2—回水干管；3—双线立管；4—双线水平管；5—散热设备；6—节流孔板；
7—调节阀；8—截止阀；9—排水阀

4.2.3.3　单双管混合式供暖系统

如图 4-11 所示，这种系统是将垂直方向的散热器按 2～3 层为一组，在每组内采用双管系统，而组与组之间采用单管连接。这样既可避免楼层过多时双管系统产生的垂直失调现象，又能克服单管系统散热器不能单独调节的缺点。

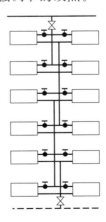

图 4-11　单双管混合式热水供暖系统

4.3 蒸汽供暖系统

在蒸汽供暖系统中，热媒是蒸汽。蒸汽含有的热量由两部分组成：一部分是水在沸腾时含有的热量；另一部分是从沸腾的水变为饱和蒸汽的汽化潜热。在这两部分热量中，后者远大于前者（在 1 个绝对大气压下，两部分热量分别为 418.68kJ/kg 及 2260.87kJ/kg）。在蒸汽供暖系统中所利用的是蒸汽的汽化潜热。蒸汽进入散热器后，充满散热器，通过散热器将热量散发到房间内，与此同时蒸汽冷凝成同温度的凝结水。

蒸汽供暖系统按供汽压力 P 的大小可分为：高压蒸汽供暖系统［供汽压力 P（表压）>0.7MPa］；低压蒸汽供暖系统［供汽压力 P（表压）≤0.7MPa］；真空蒸汽供暖系统［供汽压力 P（绝对压力）>0.1MPa］。按蒸汽供暖系统管路布置形式的不同又可分为上供下回式和下供下回式系统，以及双管式和单管式系统。

4.3.1 低压蒸汽供暖系统

在低压蒸汽供暖系统中，得到广泛应用的是用机械循环的双管上供下回式系统。图 4-12 是这种系统的示意图。锅炉产生的蒸汽经蒸汽总立管、蒸汽干管、蒸汽立管进入散热器，放热后，凝结水沿凝水立管、凝水干管流入凝结水箱，然后用水泵将凝结水送入锅炉。

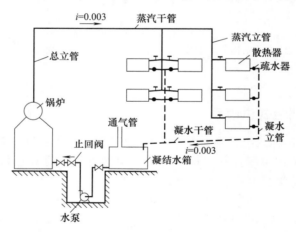

图 4-12 机械循环双管上供下回式蒸汽供
暖系统示意图

下面对系统各组成部分的作用加以说明。

4.3.1.1 疏水器

在每个散热器流出凝结水的支管上均装疏水器，其目的是阻止蒸汽进入凝水管，只让凝结水和空气通过。这种疏水器的波形囊中盛有少量酒精，当蒸汽通过疏水器时，酒精受热蒸发，体积膨胀，波形囊伸长。连在波形囊上的顶针堵住小孔，使蒸汽不能流入凝水管。当凝结水或空气流入疏水器时，由于温度低，波形囊收缩，小孔打开，凝结水或空气通过小孔

二维码13

疏水器模型图

流入凝结水管。

4.3.1.2　蒸汽干管

由于蒸汽沿管道流动时向管外散失热量,因此就会有一部分蒸汽凝结成水,叫作沿途凝水。为了排除这些沿途凝水,在管道内最好使凝结水与蒸汽同向流动,亦即蒸汽干管应沿蒸汽流动方向有 0.003 向下的坡度。在一般情况下,沿途凝水经由蒸汽立管进入散热器,然后依次排入凝水立管和凝水干管。必要时,在蒸汽干管上可设置专门排除沿途凝水的排水管。

4.3.1.3　凝结水箱

其作用是:①容纳系统内的凝结水;②排除系统中的空气;③避免水泵吸入口处压力过低使凝结水汽化。

凝结水箱的有效容积应能容纳 0.5～1.5h 的凝结水量,水泵应能在少于 30min 的时间内将这些凝结水送回锅炉。

在水泵工作时,为了避免水泵吸入口处压力过低使凝结水汽化,凝结水箱的位置应高于水泵。凝结水箱的底面高于水泵的数值,取决于箱内凝结水的温度。当凝结水的温度在 70℃ 以下时,凝结水箱底面高于水泵 0.5m 即可。

4.3.1.4　止回阀

为了在水泵停止工作时,锅炉内的水不致流回凝结水箱,在水泵和锅炉相连接的管道上应设有止回阀。

在蒸汽供暖系统中,要尽可能地减少“水击”现象。产生“水击”现象的原因是蒸汽管道的沿途凝水被高速运动的蒸汽推动而产生浪花或水塞,在弯头、阀门等处,浪花或水塞与管件相撞,就会产生振动及巨响,也就是“水击”现象。减少“水击”现象的方法是及时排除沿途凝水、适当降低管道中蒸汽的流速以及尽量使蒸汽管中的凝结水与蒸汽同向流动。

在蒸汽供暖系统中,无论是什么形式的系统,都应保证系统中的空气能及时排除、凝结水能顺利地送回锅炉、防止蒸汽大量逸入凝结水管以及尽量避免水击现象。

4.3.2　高压蒸汽供暖系统

由于高压蒸汽的压力及温度均较高,因此在热负荷相同的情况下,高压蒸汽供暖系统的管径和散热器片数都小于低压蒸汽供暖系统。这就显示出高压蒸汽供暖系统有较好的经济性。高压蒸汽供暖系统的缺点是卫生条件差,并容易烫伤人。因此这种系统一般只在工业厂房中应用。

在高压蒸汽供暖系统中,应注意下面几个问题。

① 工业用锅炉房,往往既供应生产工艺用汽,同时也供应高压蒸汽供暖系统所需的蒸汽。由这种锅炉房送出的蒸汽,压力往往很高,因此将这种蒸汽送入高压蒸汽供暖系统之前,必须用减压装置将蒸汽压力降至所要求的数值。

② 为了避免高压蒸汽和凝结水在立管中反向流动而产生噪声,一般高压蒸汽供暖均采用双管上供下回式系统。

③ 高压蒸汽供暖系统在启动和停止运行时,管道温度的变化比热水供暖系统和低压蒸汽供暖系统的都大,应充分注意管道的热胀冷缩问题。

④ 由于高压蒸汽供暖系统的凝结水温度很高,在它通过疏水器减压后,部分凝结水会

重新汽化,产生二次蒸汽。在有条件的地方,尽可能将二次蒸汽送到附近低压蒸汽供暖系统或热水供应系统中综合利用。

4.3.3 蒸汽供暖系统与热水供暖系统的比较

4.3.3.1 蒸汽供暖系统的初投资少于热水供暖系统

在一般的热水供暖系统中,供水温度为 95℃,回水温度为 70℃,散热器内热媒的平均温度为 82.5℃。而在低压蒸汽供暖系统中,散热器内热媒的温度等于或大于 100℃。这样蒸汽供暖系统所用散热器片数比热水供暖系统的少 30%。同时蒸汽供暖系统的管道直径也小于热水供暖系统。这样就使蒸汽供暖系统的初投资少于热水供暖系统。

4.3.3.2 蒸汽供暖系统中底层散热器所受的静水压力比热水供暖系统中的小

在蒸汽供暖系统中,蒸汽的相对密度远小热水供暖系统中水的相对密度。因此作用在底层散热器上的静水压力,蒸汽供暖系统的比热水供暖系统的小。当热水供暖系统的高度为 30~40m 时,底层的铸铁散热器就有被压坏的可能。因此在高层建筑中采用热水供暖系统时,就要将供暖系统在垂直方向分成几个互不相通的热水供暖系统。

4.3.3.3 蒸汽供暖系统的使用年限比热水供暖系统少

由于蒸汽供暖系统间歇工作,管道内时而充满蒸汽,时而充满空气,管道内壁的氧化腐蚀比热水供暖系统快。特别是凝结水管,更容易损坏。

4.3.3.4 蒸汽供暖系统不能调节蒸汽的温度,热水供暖系统则不然

当室外温度高于供暖室外设计温度时,必须采用间歇供暖。这样会使房间内的温度波动较大,使人感到不舒适。而在双管式和单管跨越式热水供暖系统中,进入散热器内的热水量可以调节,能够适应室外温度的变化。

4.3.3.5 蒸汽供暖系统的热惰性比热水供暖系统的小

即系统的加热和冷却过程快。对于人数骤多骤少或不经常有人停留而要求迅速加热的建筑物,如工厂车间、会议厅、影剧院、礼堂、展览馆、体育馆等是比较合适的。而热水供暖系统由于蓄热能力大,即热惰性大,热得慢,冷得也慢。当房间间歇供暖时,房间内的温度波动小,人们感到舒适。

4.3.3.6 蒸汽供暖系统的卫生条件不如热水供暖系统

在低压蒸汽供暖系统中,散热器的表面温度始终在 100℃ 左右,有机灰尘剧烈升华,对卫生不利,而且还容易烫伤人。在热水供暖系统中,散热器的表面平均温度低于 82.5℃,既卫生又不易烫伤人。因此对卫生要求较高的建筑物,如住宅、宾馆、学校、医院、幼儿园等宜采用热水供暖系统。

4.3.3.7 蒸汽供暖系统的热利用率不如热水供暖系统高

在蒸汽供暖系统中,目前由于疏水器质量问题,往往有大量蒸汽通过疏水器流入凝结水管,最后由凝结水箱上的通气管排入大气中。又在系统的不严密处跑汽和漏汽也是不可避免

的。在热水供暖系统中就不存在这样的问题。

4.4 分户热计量与辐射供暖系统

4.4.1 分户热计量供暖系统

4.4.1.1 常规供暖系统存在的问题

（1）调控困难，能源浪费严重　对于常规供暖，无论是室内系统还是室外热网，由于缺乏有效的调节手段，多存在严重的水力工况失调、热用户冷热不均的情况。一些用户的室温达不到设计要求，影响其正常生活；而另一部分用户则因室温过高，需要开窗散热，造成热能浪费。供热部门为了保证尽可能多的用户达到供热标准，只得加大循环流量，系统以"大流量、小温差"的方式运行，致使能耗加大。由于热用户缺少有效的调控设备，当居民外出或上班时，无法调节室内温度，致使热能白白浪费。

（2）热费收取不合理，收取困难　由于常规系统无法进行有效的热计量，供热部门仅按供热面积计取热费，跟用户实际用热量多少无关，用户缺乏自主节热节能意识，而达不到室温要求的用户怨声不断，热费收缴困难。由此，供热运行形成恶性循环，极大地阻碍了其进一步发展。

（3）系统管理困难　当某一用户欲停止用热或拒交热费时，系统缺乏关闭措施；如为旧建筑增设供暖系统，当某一用户不愿装设时，则系统本身很难处理；当某一组散热器出现故障需要维修时，需多家留人才可进行；自动排气阀的管理困难。

4.4.1.2 采用分户热计量技术的意义

供热供暖系统节能的主要措施有：水力平衡，管道保温，提高锅炉热效率，提高供热供暖系统的运行维护管理水平，室温控制调节和热量按户计费。前几项措施在过去十年里，经过国内科研、设计、运行管理人员的多方努力，取得了显著的经济和社会效益，只是室温控制调节和热量按户计费成为系统节能的薄弱环节，是当前整个建筑节能行业深入发展过程中所要解决的热点和难点问题。

分户热计量的大面积推广一定要在温控的前提下进行，它能够验证温控的节能效果，促进温控的实施。温控的目的也不仅仅是热计量，其直接目的是要提高室内舒适度，提高热网供热质量。热计量的推行同水表、电表的推行和水电计量收费的实施所带来的节能效益一样（水表到户，实现了节水 30%～40%的显著效益），能够将用户的自身利益与能量消耗结合起来，能增强公民的节能意识，推动节能工作的进行。

4.4.1.3 分户热计量供暖系统的形式

在现有建筑中分户热计量大多采用垂直式系统，一个用户由多个立管供热，在每一个散热器支管上安装热表来计量耗热量，这不仅使系统复杂、造价昂贵，而且管理麻烦，因此不可能广泛采用。本书主要介绍分户水平式系统及放射式系统。

分户热计量供暖系统的共同点是在每一户管路的起止点安装关断阀和在起止点其中之一处安装调节阀，在有条件时应安装流量计或热表。当流量计或热表装在用户出口管道上时，水温低，有利于延长其使用寿命，但失水率将增加，因此不少热表装在用户入口处。每户的关断阀和向各楼层、各住户供给热媒的供、回水立管（总立管）及热计量装置应设在公共的楼梯间竖井内。竖井有检查门，使供热管理部门在住户外启闭各户水平支路上的阀门，调节住户的流量，抄表和计量供热量等。

分户式供暖系统原则上可采用上供式、下供式和中供式等。通常，建筑物的一个单元设一组供、回水立管，多个单元的供、回水干管可设在室内或室外管沟中。干管可采用同程式或异程式，单元数较多时宜用同程式，为了防止铸铁放热器的铸造型砂及其他污物积聚、堵塞热表和温控阀等部件，分户式供暖系统宜采用不残留型砂的铸铁散热器或其他材质的散热器，在系统投入运行前应对其进行冲洗。此外，还应在用户入口处装过滤器。

（1）分户水平单管系统　如图4-13所示，分户水平单管系统可采用水平顺流式、散热器同侧接管的跨越式和异侧接管的跨越式。其中图4-13（a）在水平支路上设关闭阀、调节阀和热表，可实现分户调节和计量热量，但不能分室改变供热量，只能在对分户水平式系统的供热性能和质量要求不高的情况下应用。图4-13（b）和图4-13（c）除了可在水平支路上安装关闭阀、调节阀和热表之外，还可在各散热器支管上装调节阀（温控阀）以实现分房间控制和调节供热量。因此，上述三种系统中，图4-13（b）、图4-13（c）的性能优于图4-13（a）。

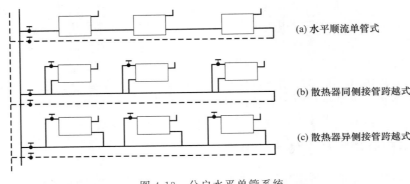

(a) 水平顺流单管式

(b) 散热器同侧接管跨越式

(c) 散热器异侧接管跨越式

图 4-13　分户水平单管系统

水平单管系统比水平双管系统布置管道方便，节省管材，水力稳定性好，但在调节流量措施不完善时容易产生竖向失调。如果户型较小，又不拟采用$DN15$的管子时，水平管中的流速有可能小于气泡的浮升速度，对此，可调整管道坡度，采用气水逆向流动方式，利用散热器聚气、排气，防止形成气塞。

（2）分户水平双管系统　在分户水平双管系统中，一个住户内的各散热器并联，在每组

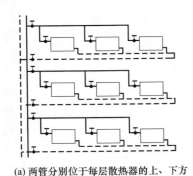

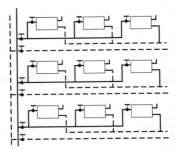

(a) 两管分别位于每层散热器的上、下方　　(b) 两管全部位于每层散热器的上方　　(c) 两管全部位于每层散热器的下方

图 4-14　分户水平双管系统的布置方案

散热器上装调节阀或恒温阀，以便分室进行控制和调节。水平供水管和回水管可采用图4-14所示的多种方案布置。该系统的水力稳定性不如单管系统，耗费管材。

（3）分户水平单、双管系统　分户水平单、双管系统如图 4-15 所示，其兼有上述分户水平单管系统和双管系统的优缺点，可用于面积较大的户型及跃层式建筑。

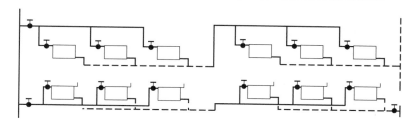

图 4-15　分户水平单、双管系统

（4）分户水平放射式系统　分户水平放射式系统在每户的供热管道入口处设小型分水器和集水器，各散热器并联（见图 4-16）；从分水器引出的散热器支管呈辐射状埋地敷设至各个散热器；散热量可单体调节；支管采用铝塑复合管等管材（这增加了楼板的厚度和造价）；为了计量各用户供热量，在入户管上装有热表；为了调节各室用热量，在通往各散热器的支管上装有调节阀。

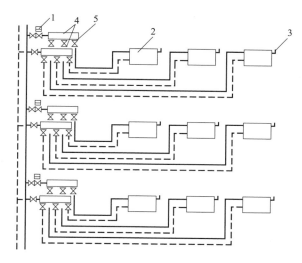

图 4-16　分户水平放射式系统

1—热表；2—散热器；3—放气阀；4—分、集水器；5—阀门

4.4.2　地板辐射供暖系统

热媒通过散热设备的壁面主要以辐射方式向房间传热，此时散热设备可采用悬挂金属辐射板的方式，也常采用与建筑结构合为一体的方式，这种供暖系统称为辐射供暖系统。将加热管埋设于地下的供暖系统称为地板辐射供暖系统。

4.4.2.1　辐射供暖的分类

辐射供暖根据辐射板表面温度的不同可分为三类。

（1）低温辐射供暖系统　辐射板的表面温度低于 80℃ 时称为低温辐射供暖系统。目前常用的低温热水地板辐射供暖系统（简称地暖）是以低温热水（一般为 60℃，最高不超过80℃）为加热热媒，加热盘管采用塑料管，预埋在地面混凝土垫层内。低温辐射供暖在建筑美感与人体舒适感方面都比较好，但表面温度受到一定限制，如地面温度不能超过 30℃，辐射墙板的墙面和顶棚温度不能超过 45℃ 等，由此带来的缺点是散热面积大，造价较高。

（2）中温辐射供暖系统　辐射板的表面温度为 80～200℃ 时称为中温辐射供暖系统。一般采用钢制辐射板，以高压蒸汽（不低于 200kPa）或高温热水（不低于 110℃）为热源，一般应用于厂房或车间。

（3）高温辐射供暖系统　辐射板的表面温度为 500～900℃ 时称为高温辐射供暖系统。一般指电力或红外线供暖，应用较少。

4.4.2.2　低温热水地板辐射供暖系统的构造

低温热水地板辐射供暖系统的管道布置形式有平行排管式、蛇形排管式和蛇形盘管式三种，其布置形式如图 4-17 所示。平行排管式易于布置，但板面温度不均性较大，适用于各种结构的地面；蛇形排管式板面温度较均匀，但在较小板面面积上温度波动范围大，有一半数目的弯头曲率半径小；蛇形盘管式板面温度也不均匀，但只有两个小曲率半径弯头，施工方便。

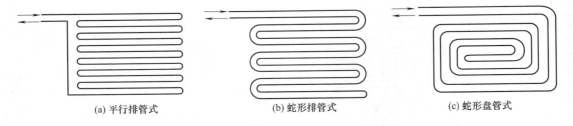

(a) 平行排管式　　　　(b) 蛇形排管式　　　　(c) 蛇形盘管式

图 4-17　低温热水地板辐射采暖系统的布置形式

因水温低，地板供暖管路基本不结垢，故多采用管路一次性埋设于混凝土中的做法。低温热水地板辐射供暖的基本构造如图 4-18 所示。图中结构层为地板，保温层控制传热方向，豆砾混凝土层为结构层，用于固定加热盘管和均衡表面温度。

在住宅建筑中，地板辐射采暖的加热管一般应按户划分独立的系统，并设置集配装置，如分水器和集水器，再按房间配置加热盘管，一般不同房间或住宅各主要房间宜分别设置加热盘管与集配装置相连。一般每组加热盘管的总长度不宜大于 120m，盘管阻力不宜超过30kPa，住宅加热盘管间距不宜大于 300mm。

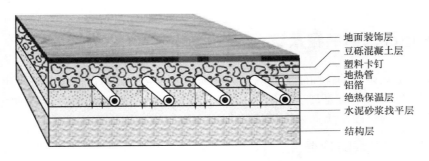

地面装饰层
豆砾混凝土层
塑料卡钉
地热管
铝箔
绝热保温层
水泥砂浆找平层
结构层

图 4-18　低温热水地板辐射供暖基本结构

加热盘管在布置时应保证地板表面温度均匀。一般宜将高温管设在外窗或外墙侧，使室内温度分布尽可能均匀。

4.4.2.3　低温热水地板辐射供暖用管材

随着塑料工业的发展，经过特殊处理和加工的新型塑料管已能满足地板供暖对管材耐高温、承压高和耐老化的要求，而且管道长度可以按设计要求截取，埋管部分无接头，杜绝了埋地管道的渗漏现象。因此，现在地板供暖均采用塑料管，主要有交联聚乙烯塑料管（PEX）、聚丁烯管（PB）、交联铝塑复合管（XPAP）、改性聚丙烯管（PPR）等。

4.4.2.4　低温热水地板辐射供暖在住宅中的应用特点

（1）优点

① 舒适性强。室内地表温度均匀，温度梯度合理，室温由下而上逐渐递减，给人以脚暖头凉的感觉，符合人体生理需要；不像对流供暖易引起室内污浊空气对流；整个地板作为蓄热体，热稳定性好，在间歇供暖条件下，温度变化缓慢；地板供暖须敷设地面保温层，既减少了层间传热，又增强了隔声效果。

② 节能。实践证明，在相同舒适感（实感温度相同）的情况下，辐射供暖的室内温度可比对流供暖的室内温度低 2～3℃，减少了供暖热负荷。

③ 可方便地实施分户热计量，便于物业管理。

④ 为住户二次装修创造了条件。地板供暖，室内无暖气片和外露管道，既增大了用户的使用面积，又节省了做暖气罩、隐蔽管道的费用；便于在室内设置落地窗或矮窗；用户可不受传统挂墙散热器的限制，按照自己的意愿灵活设置轻质隔墙，改变室内布局。

⑤ 使用寿命长，日常维护工作量小。低温热水地板辐射供暖系统的供暖管道全部埋入地下，若无人为破坏，使用寿命可在 50 年以上；不腐蚀，不结垢；系统采用盘管回路技术，暗敷管道系统中无接头，节约了维修和更换费用。

⑥ 清洁卫生。低温热水地板辐射供暖的室内空气平均流速低于暖气片供暖的流速，不会导致室内空气对流所产生的尘埃飞扬，减少家居用品积尘，消除了传统散热设备所挥发的异味，减少了空气中有害病菌的蔓延。

⑦ 适应住宅商品化需要，提高了住宅的品质和档次。

（2）缺点

① 集中供热用户一般要考虑降低供水温度以满足塑料管对温度的限制，因此增加了投资和运行管理的工作量，也属于不合理的用能方式。

② 层高及荷载增加。由于地板供暖管道的敷设需考虑保温层，因此会占用 40～60mm 的层高，当要求室内建筑净高相同时，需提高建筑的层高，从而导致结构荷载增大。

③ 供暖费用较普通供暖系统高，另外还要增加混凝土垫层投资以及由于荷载增加必须提高结构强度的投资。

④ 地板散热面存在遮挡。地板辐射供暖系统是以地板盘管经地面向室内换热的，在地板散热模型的建立中一般均未考虑地板被家具遮挡而增加的热阻的影响，特别是在住宅建筑中，室内地面装饰材料和家具摆放的位置、数量都会影响地板供暖的效果，而这些在设计阶段是难以考虑周全的。

⑤ 虽然地板供暖使用寿命长，但一旦损坏，如加热盘管出现渗漏或堵塞，维修难度较大。

4.5 供暖系统的散热器及管道附件

4.5.1 散热器

散热器是将流经它的热媒所带的热量从其表面以对流和辐射方式不断地传给室内空气和物体，补充房间的热损失，使供暖房间维持需要的温度，从而达到供暖的目的。

对散热器的基本要求如下。

（1）热工性能方面的要求　散热器的传热系数 K 值越高，说明其散热性能越好。提高散热器的散热量，增大散热器传热系数的方法，可以采用增加外壁散热面积（在外壁上加肋片）、提高散热器周围空气流动速度和增加散热器向外辐射强度等途径。

（2）经济方面的要求　散热器传给房间的单位热量所需金属耗量越少，成本越低，其经济性越好。散热器的金属热强度是衡量散热器经济性的一个标志。金属热强度是指散热器内热媒平均温度与室内空气温度差为 1℃ 时，每公斤质量散热器单位时间所散发出的热量。即

$$q = K / G \tag{4-2}$$

式中　q——散热器的金属热强度，$W/(kg \cdot ℃)$；

K——散热器的传热系数，$W/(m^2 \cdot ℃)$；

G——散热器每 $1m^2$ 散热面积的质量，kg/m^2。

q 值越大，说明散出同样的热量所耗的金属量越小。这个指标可作为衡量同一材质散热器经济性的一个指标。对各种不同材质的散热器，其经济评价标准宜以散热器单位散热量的成本（元/W）来衡量。

（3）安装使用和工艺方面的要求　散热器应具有一定机械强度和承压能力。散热器的结构形式应便于组合成所需要的散热面积，结构尺寸要小，少占房间面积和空间，散热器的生产工艺应满足大批量生产的要求。

（4）卫生和美观方面的要求　散热器外表应光滑，不易积灰和易于清扫，散热器的装设不应影响房间观感。

（5）使用寿命的要求　散热器应不易于被腐蚀和破损，使用年限长。

4.5.1.1 散热器的类型

目前，国内生产的散热器种类繁多。按其制造材质分，主要有铸铁散热器和钢制散热器两大类。按其构造形式，主要分为柱型、翼型、管型、平板型等。铸铁散热器结构简单，成本低；防腐蚀，使用寿命长；热稳定性好。但金属耗量大；生产过程污染环境；劳动强度大。钢制散热器金属耗量小；耐压强度高；外形美观整洁。但结构较复杂，成本高；易腐蚀，使用寿命短；热稳定性差。

（1）铸铁散热器

① 翼型散热器

a. 长翼型散热器。如图 4-19 所示，它的表面上有许多竖向肋片，外壳内为一扁盒状空间。有高 600mm、长 280mm、竖向肋片 14 片和高 600mm、长 200mm、竖向肋片 10 片两种，习惯上称前者为大 60，后者为小 60。

长翼型散热器制造工艺简单，耐腐蚀，外形较美观，但承压能力较低。多用于民用建

筑中。

b. 圆翼型散热器。如图 4-20 所示，是一根管子外面带有许多圆肋片的铸件。管子的内径规格有 $D50mm$ 和 $D75mm$ 两种，所带肋片分别为 27 片和 47 片，管长为 1m，两端有法兰可以串联相接。

圆翼型散热器单节散热面积较大，承压能力较强，造价低，但外形不美观。常用于对美观要求不高的公共建筑和灰尘较少的工业厂房中。

② 柱型散热器。柱型散热器是呈柱状的单片散热器。外表光滑，无肋片。常用的柱型散热器有五柱、四柱和二柱 M-132 三种，如图 4-21 所示。

柱型散热器同翼型散热器相比，传热系数大，外形美观，表面光滑，易于清洗，但制造工艺复杂。常用于住宅和公共建筑中。

（2）钢制散热器

① 闭式钢串片散热器。闭式钢串片散热器由钢管、肋片、联箱、放气阀和管接头组成，如图 4-22 所示。钢串片为 0.5mm 厚的薄钢片，串在钢管上。串片两端折边 $90°$，形成许多封闭的垂直空气通道，造成烟囱效应，增加对流放热能力。

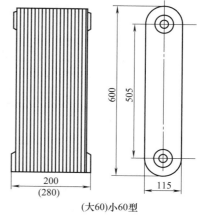

（大60）小60型

图 4-19 长翼型散热器

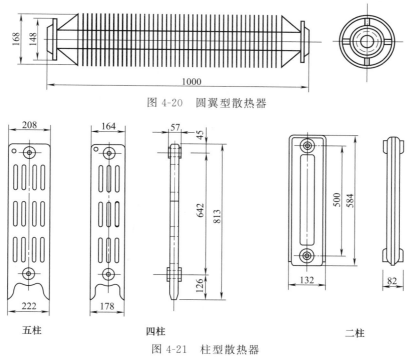

图 4-20 圆翼型散热器

五柱　　　　四柱　　　　二柱

图 4-21 柱型散热器

闭式钢串片散热器体积小、重量轻、承压高、占地小，但是阻力大，不易清除灰尘，钢片易松动。

② 钢制板式散热器。它是由面板、背板、对流片、水管接头及支架等部件组成，如图 4-23 所示。

板式散热器外形美观，散热效果好，节省材料，占地面积小，但承压较低。

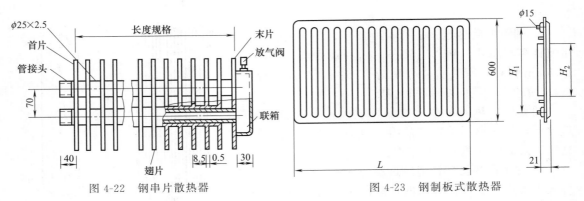

图 4-22　钢串片散热器　　　　　　　　图 4-23　钢制板式散热器

除上面介绍的散热器外，还有钢制柱型散热器、钢制光面排管散热器，以及新面世的铝合金散热器等，这里就不一一介绍。

4.5.1.2　散热器的布置

① 当房间有外窗时，最好每个窗下设置一组散热器。因为散热器表面散出的热气流相对密度小而自行上升，这样就能阻止或减弱从外窗下降的冷气流，使流经工作地带的空气比较暖和，使人有舒适感。

② 当房间没有外窗（如浴室）时，散热器可布置在管道连接和使用方便的地方。

③ 对于多层建筑的楼梯间，散热器的布置是下多上少。这是因为底层的散热器所加热的空气能够自由地上升，从而补偿上部的热损失。

④ 为防止散热器冻裂，双层门的外室和门斗中不宜设置散热器。

⑤ 在一般情况下，散热器在房间内应明装。当建筑或工艺上有特殊要求时，可在散热器的外面加以围挡或设置在壁龛内。托儿所和幼儿园内的散热器应该暗装或加防护罩。此外，采用高压蒸汽供暖的浴室中，也应将散热器加以围挡，以防烫伤人体。

4.5.2　阀门

4.5.2.1　止回阀

止回阀又称逆止阀或单向阀，是利用阀体本身结构和阀前阀后介质的压力差来自动启闭的阀门。作用是使介质只做一个固定方向的流动，而阻止其逆向流动。根据止回阀的结构不同，可分为升降式（跳心式）和旋启式（摇板式）两种。

4.5.2.2　减压阀

减压阀的作用是降低设备和管道内的介质压力，满足生产需要压力值，并能依靠介质本身压力值，使出口压力自动保持稳定。常用的减压阀有活塞式、薄膜式和波纹管式。

减压阀组由减压阀、前后控制阀、压力表、安全阀、冲洗管及冲洗阀、旁通管、旁通阀等组成。组装形式有平装和立装两种形式，如图 4-24 所示。

二维码14

弹簧式安全阀
的结构动画

4.5.2.3　安全阀

安全阀是用于防止因介质超过规定压力而引起设备和管路破坏的阀门，当设备或管路中

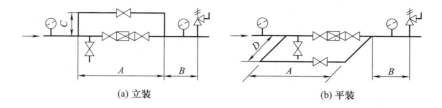

(a) 立装　　　　　　　　　　(b) 平装

图 4-24　减压阀组

的工作压力超过规定数值时，安全阀便自动打开，自动排除超过的压力，防止事故的发生。当压力复原后又自动关闭。安全阀按其结构形式可分为杠杆式、弹簧式和脉冲式三类。

4.5.2.4　疏水阀

疏水阀能自动地、间歇地排除蒸汽管道、加热器、散热器等设备系统中的凝结水，防止蒸汽泄出，同时可防止管道中水锤现象发生，故又称阻汽排水器或回水盒。根据疏水阀的动作原理，疏水阀主要有热力型、热膨胀型（恒温型）和机械型三种。

4.5.3　供暖系统辅助设备

4.5.3.1　膨胀水箱

膨胀水箱是热水供暖系统的重要附属设备之一，用于容纳受热后的膨胀水量，并解决系统定压和补水问题。在多个采暖建筑的同一供热系统中只能设一个膨胀水箱。膨胀水箱分为开式和闭式。开式膨胀水箱构造简单，管理方便，多用于低温水供暖系统。

（1）开式高位膨胀水箱　开式高位膨胀水箱一般用钢板焊制而成，有方形和圆形两种。图 4-25 为圆形膨胀水箱。

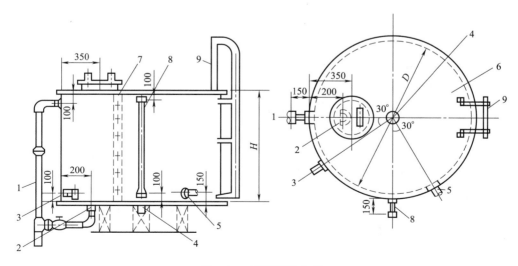

图 4-25　圆形膨胀水箱

1—溢流管；2—泄水管；3—循环管；4—膨胀管；5—信号管；6—箱体；
7—内人梯；8—水位计；9—外人梯

开式膨胀水箱设置在系统的最高位置，通过水箱底部的膨胀管与系统连接，膨胀管上不得设阀门。上部设置的溢流管是为了控制水箱内的最高水位，溢流管上也不得设阀门，应就近引至排水系统。泄水管设在水箱底部，清洗和检修排空时使用，上面装设阀门，通常与溢流管连接在一起。当水箱放在不供暖房间时，为了防止水箱冻结，须设置循环管，循环管也与系统相连，与膨胀管的连接点保持 1.5～3m 的距离，以维持水箱中的水能缓缓流动。膨胀水箱的安装高度应至少高出系统最高点 0.5m。

开式膨胀水箱一般设置在建筑物最高处的水箱间内，水箱间应保证良好的通风和采光。为了方便安装和维修管理，水箱与墙面应有一定的距离。水箱可用型钢或钢筋混凝土等材料支承。有可能冻结时，水箱与配管应保温。

（2）闭式低位膨胀水箱　用气压罐代替高位膨胀水箱时，气压罐的选用应以系统补水量为主要参数选择，一般系统的补水量可按总容水量的 4% 计算，与锅炉的容量配套选用。其工作原理与建筑给水系统的自动给水装置类似。

4.5.3.2　排气装置

自然循环热水供暖系统主要利用开式膨胀水箱排气，机械循环系统还需要在局部最高点设置排气装置。常用的排气装置有手动集气罐、自动排气罐、手动放气阀等。

（1）手动集气罐　手动集气罐可用直径为 100～250mm 的钢管焊制而成。根据安装形式分为立式和卧式两种。一般应设在系统的末端最高处。

集气罐安装在干管的最高点，水中的气泡会随水流一同进入罐内。由于集气罐的直径比连接的管道直径大得多，流入罐内的热水流速降低，水中的气泡便可浮出水面，集聚在上部空间，因此需定期打开阀门放气。采用集气罐排气应注意及时定期排出空气，否则，当罐体内空气过多时会随水流被带走。

（2）自动排气罐　自动排气罐是依靠水对物体的浮力，自动打开和关闭罐体的排气出口，达到排气和阻水的目的，如图 4-26 所示。当罐体内无空气时，系统中的水流入，将浮漂浮起，关闭出口，阻止水流出。当罐内空气量增多，并汇集在上部，使水位下降，浮漂下落，排气口打开排气。气体排出后，浮漂随水位上升，重新关闭排气口。

（3）手动放气阀　手动放气阀又称手动跑风阀，在热水供暖系统中安装在散热器的上端，定期打开手轮，排除散热器内的空气。

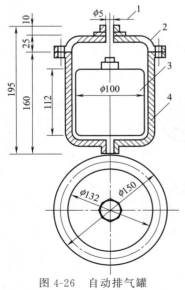

图 4-26　自动排气罐

1—排气孔；2—上盖；3—浮漂；
4—外壳

4.5.3.3　除污器

除污器的作用是截留过滤，并定期清除系统中的杂质和污物，以保证水质清洁，减少阻力，防止管路系统和设备堵塞。有立式直通、卧式直通和角通除污器，按国标制作，根据现场情况选用。

下列部位应安装除污器：①采暖系统入口的供水管上；②循环水泵的吸水口处；③各种换热设备之前；④各种小口径调压装置，以及避免可能造成堵塞的某些装置前。

除污器后应装阀门，并设置旁通管，在排污或检修时临时使用。

4.5.3.4 散热器温控阀

散热器温控阀是一种自动控制散热器散热量的设备，可根据室温与给定温度之差自动调节热媒流量的大小，安装在散热器入口管上。它主要应用于双管系统，在单管跨越式系统中也可应用。这种设备具有恒定室温、节约热能的特点，在欧洲国家中使用广泛，我国也已有定型产品。如图 4-27 所示。

4.5.3.5 补偿器

各种热媒在管道中流动时，管道受热而膨胀，故在热力管网中应考虑对其进行补偿。采暖管道必须通过热膨胀计算确定管道的增长量。

补偿器有方形补偿器、套管补偿器和波纹管补偿器等。

当地方狭小，方形补偿器无法安装时，可采用套管式补偿器或波纹管补偿器。但套管补偿器易漏水漏汽，宜安装在地沟内，不宜安装在建筑物上部；波纹管补偿器材质为不锈钢，补偿能力大，耐腐蚀，但造价高。

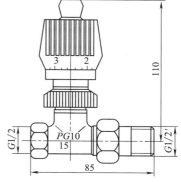

图 4-27　散热器温控阀

4.5.3.6 平衡阀

平衡阀可有效地保证管网静态水力及热力平衡，它安装于小区室外管网系统中，用来消除小区内个别住宅楼室温过低或过高的现象，同时，可达到节约煤和电的目的。

平衡阀的工作原理是通过改变阀芯与阀座的开度间隙来改变流体流经阀门的阻力，达到调节流量的目的，它相当于一个局部阻力可以调节的节流元件。所有要求保证流量的管网系统中都应设置平衡阀，每个环路中只需要设一个平衡阀，安装在供水或回水管上，且不必再设其他起关闭作用的阀门。平衡阀适用的场合：①锅炉或冷水机组水流量的平衡；②热力站的一、二次环路水流量的平衡；③小区供热管网中各幢楼之间水流量的平衡；④室内采暖或空调水力系统中水流量的平衡。

4.6 供暖系统施工图

4.6.1 室内供暖施工图的组成

室内供暖施工图一般由设计与施工说明、供暖平面图、供暖系统图、详图、设备与主要材料明细表等组成。

4.6.1.1 设计与施工说明

它主要用文字阐述供暖系统的设计热负荷、热媒种类及设计参数、系统阻力；管道材料及连接方法；散热设备及其他设备的类型；管道防腐保温的做法；系统水压试验要求；施工中应执行和采用的规范、标准图号；其他设计图纸中无法表示的设计施工要求等。

4.6.1.2 供暖平面图

它的主要作用是确定供暖系统管道及设备的位置。图纸内容应反映供暖系统引入口位置及系统编号；室内地沟的位置及尺寸；干管、立管、支管的位置及立管编号；散热设备的位置及数量；其他设备的位置及型号等。

供暖平面图一般有建筑底层（或地下室）平面图、标准层平面图、顶层平面图。

4.6.1.3 供暖系统图

它反映供暖系统管道及设备的空间位置关系。主要内容有供暖系统入口编号及走向；其他管道的走向、管径、标高、坡度及立管编号；阀门的位置及种类；散热设备的数量（也可不标注）等。

供暖系统图可按系统编号分别绘制。如采用轴测投影法绘制，宜采用与相应的平面图一致的比例。系统图中的管线重叠、密集处可采用断开画法，断开处宜以相同的小写拉丁字母表示，也可用细虚线连接。

4.6.1.4 详图

它是将工程中的某一关键部位，或某一连接复杂、在小比例的平面及系统图中无法清楚表达的部位，单独编号另绘详图，以便正确的施工。

4.6.1.5 设备与主要材料明细表

它是施工图纸的重要组成部分。至少包括序号（或编号）；设备名称、技术要求；材料名称、规格或物理性能；数量；单位；备注栏。

4.6.2 室内供暖施工图一般规定

室内供暖施工图一般规定应符合《暖通空调制图标准》（GB/T 50114—2010）和《供热工程制图标准》（CJJ/T 78—2010）的规定。

4.6.2.1 比例

室内供暖施工图的比例一般为 1：200、1：100、1：50。

4.6.2.2 系统编号

一个工程设计中同时有供暖工程两个及两个以上的不同系统时，应进行系统编号。供暖

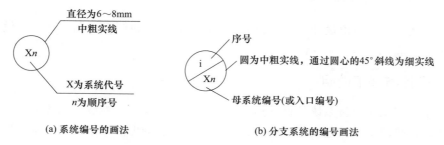

(a) 系统编号的画法　　　　　　　　(b) 分支系统的编号画法

图 4-28　系统代号、编号的画法

系统编号、入口编号应由系统代号和顺序号组成。系统代号应由大写拉丁字母表示（室内供暖系统用"N"表示），顺序号由阿拉伯数字表示，如图 4-28（a）所示。系统编号宜标注在系统总管处。当一个系统出现分支时，可采用图 4-28（b）所示的画法。

4.6.2.3　立管编号

竖向布置的垂直管道，应标注立管号，如图 4-29 所示。在不致引起误解时，可以只标注序号，但应与建筑轴线编号有明显区别。

图 4-29　立管号的画法

4.6.2.4　标高

标高以米为单位，精确到厘米或毫米。水、汽管道所注标高未予说明时，表示管中心标高。如标注管外底或顶标高时，应在数字前加"底"或"顶"字样。标高符号应以直角等腰三角形表示。

4.6.2.5　管径

低压流体输送用焊接管道规格应标注公称通径"DN"或公称压力"PN"，如 $DN15$、$DN32$；输送流体用无缝钢管、螺旋缝或直缝焊接钢管、铜管、不锈钢管，用"D（或 Φ）外径×壁厚"表示，如 $D108×4$、$\Phi108×4$；金属和塑料管用"d"表示，管径的标注图示参考给水排水章节。

4.6.3　室内供暖施工图常用图例

供暖施工图图例详见 GB/T 50114—2010 和 GJJ/T 78—2010 标准的规定，部分常用图例见表 4-1。

表 4-1　供暖施工图常用图例

序号	名　称	图例	备　注
1	（供暖、生活、工艺用)热水管	—R	1. 用粗实线、粗虚线代表供回水管时可省略代号； 2. 可附加阿拉伯数字 1/2 区分供水、回水
2	蒸汽管	—Z	
3	凝结水管	—N	
4	膨胀水管,排污管,排气管,旁通管	—P	
5	补给水管	—G	
6	泄水管	—X	
7	循环管、信号管	—XH	循环管用粗实线,信号管为细虚线
8	溢排管	—Y	
9	绝热管	～～～	

序号	名 称	图例	备 注
10	方形补偿器		
11	丝堵		
12	固定支架		
13	手动调节阀		
14	减压阀		右侧为高压端
15	膨胀阀		也称"隔膜阀"
16	平衡阀		
17	快放阀		也称快速排污阀
18	三通阀	或	
19	四通阀		
20	疏水阀		右侧为高压端
21	自动排气阀		
22	集气罐		也称快速排污阀
23	节流孔板、减压孔板		
24	可曲挠橡胶软接头		
25	水泵		
26	除污器		

4.6.4 室内供暖施工图的识读

识读供暖施工图的基本方法是先阅读设计和施工说明书，然后把平面图和系统图互相对照，从热力管入口开始，沿水流方向按供水干管、立管、支管的顺序到散热器；再由散热器开始，按回水支管、立管、干管的顺序到出口为止，弄清来龙去脉。

4.6.4.1 平面图的识读

识读平面图时，要按底层、顶层、中间楼层平面图的识读顺序分层识读，重点掌握以下内容。

① 供暖进口平面位置及预留孔洞的尺寸、标高的情况。

② 入口装置的平面安装位置，对照设备材料明细表查清所选用设备的型号、规格、性

能及数量；对照节点图、标准图，明确各入口装置的安装方法及安装要求。

③ 明确各层供暖干管的定位走向、管径及管材、敷设方式及连接方式。明确干管补偿器及固定支架的设置位置及结构尺寸。对照施工说明，明确干管的防腐、保温要求，明确管道穿越墙体的安装要求。

④ 明确各层供暖立管的形式、编号、数量及其平面安装位置。

⑤ 明确各层散热器的组数、每组片数及其平面安装位置，对照图例及施工说明查明其型号、规格、防腐及表面涂色要求。当采用标准层设计时，因各中间层散热器的布置位置相同而只绘制一层，各层散热器的片数是标注于一个平面图中的，所以识读时应按不同楼层读得相应的片数。散热器的安装形式，除四、五柱型有足片可落地安装外，其余各型散热器均为挂装。散热器有明装、明装加罩、半暗装、全暗装加罩等多种安装方式，应对照建筑图纸和施工说明予以明确。

⑥ 明确供暖支管与散热器的连接方式（单侧连、双侧连、水平串联、水平跨越等）。

⑦ 明确各供暖系统辅助设备（膨胀水箱、集气罐、自动排气阀等）的平面安装位置；并对照设备材料明细表，查明其型号、规格与数量；对照标准图明确其安装方法及安装要求。

4.6.4.2　系统图的识读

系统图应按平面图规划的系统分别识读。为避免图形重叠，系统图常脱开绘制，使前、后部投影绘成两个或多个图形，因此还需分片识读。不论采用何种识读方式，均应自入口总管开始，沿供水总管—干管—立管—支管—散热设备—回水支管—立管—干管—回水总管的识读路线循环进行。

4.6.4.3　工程实例识读

识读图 4-30～图 4-33。

（1）工程概况　本工程为某厂办公楼室内采暖设计，选用上供下回式单管顺流式供暖系统。

（2）散热器及管材选用

① 散热器主要选用 TZY2-5-8 型铸铁翼型散热器，工作压力为 0.6MPa，散热器均为挂壁安装；安装高度：散热器底边距地 200mm。

② 阀门：管径≤$DN50$ 采用截止阀，管径＞$DN50$ 采用蝶阀。

（3）管道及管材安装

① 采用焊接钢管，$DN≤32mm$ 采用丝扣连接；$DN＞32mm$ 采用焊接连接。

② 管道穿过墙壁和楼板，应设置金属或塑料套管。安装在楼板内的套管，其顶部应高出装饰地面 20mm（卫生间、厨房为 50mm），底部与楼板底面相平；安装在墙壁内的套管，其两端与饰面相平。

（4）防腐与保温

① 采暖管道不论明装或暗装均应进行调直、除锈和刷防锈漆处理。管道、管件及支架等刷底漆前应先清除表面的灰尘、污垢、锈斑及焊渣等物。

② 室内明装不保温的管道，管件及支架刷一道防锈底漆、两道耐热色漆或银粉漆，保温管道刷两道防锈底漆后再做保温层。

③ 楼梯间及地沟内的管道均做保温，保温材料为矿渣棉、保温层厚 40mm，外缠玻璃丝布，刷热沥青两道。

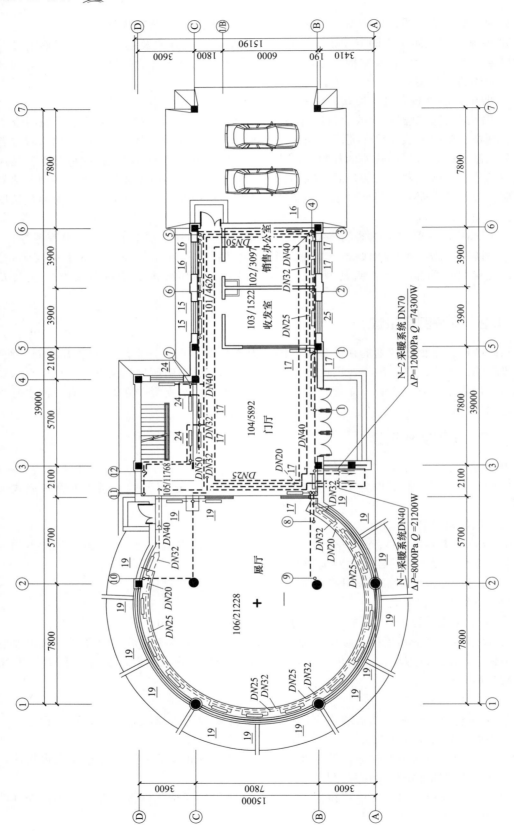

图 4-30　一层采暖平面图（1∶100）

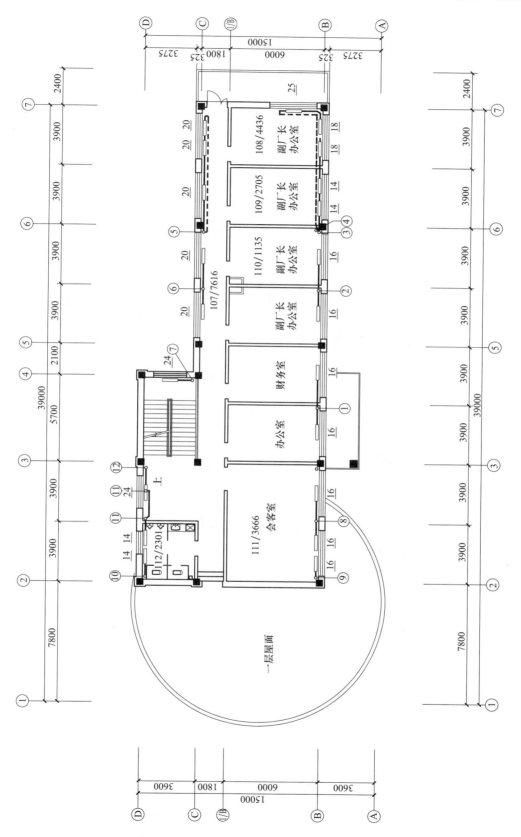

图 4-31 二层采暖平面图（1∶100）

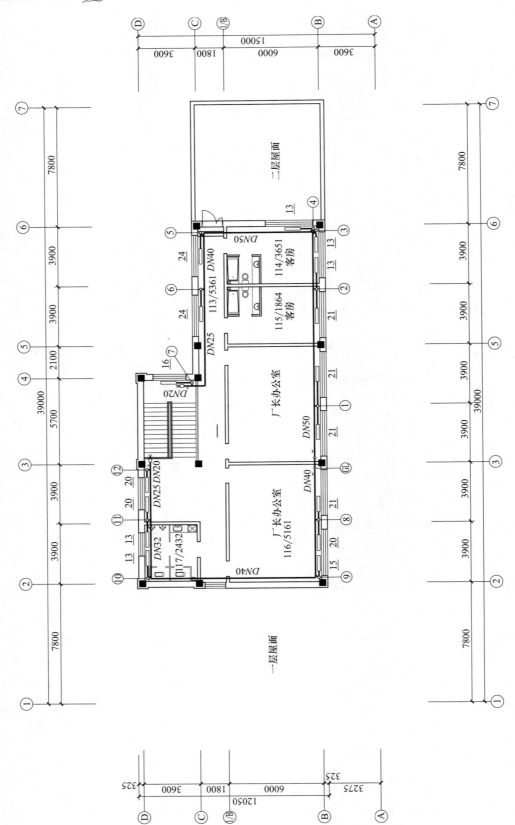

图 4-32 三层采暖平面图 (1 : 100)

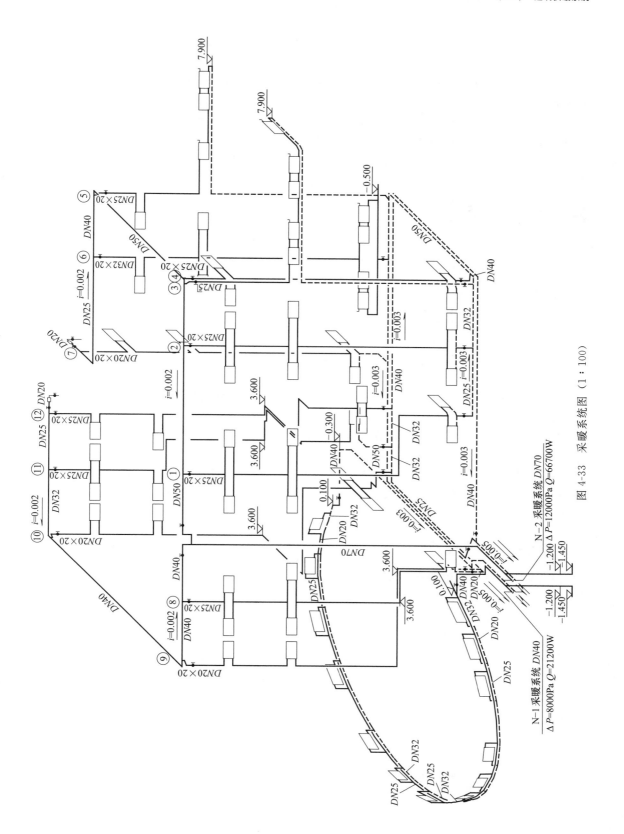

图 4-33　采暖系统图（1：100）

（5）试压与清洗

① 管道安装完毕后应进行水压试验，试验压力为 0.6MPa。在 5min 内压降不大于 0.02MPa，不渗不漏为合格。

② 经试压合格后应对系统进行反复冲洗，直至排出水时不带泥沙、铁屑等杂物，且水色清澈。

（6）其他事项　其他未说明的各项施工要求，应严格遵守《建筑给水排水及采暖工程施工质量验收规范》（GB 50242—2002）及其他有关规范的规定。

土建施工时，应派有经验的水暖工人跟班，做好墙、柱、梁、楼板等处的预留洞，预埋套管。

本章小结

1. 供暖系统主要由热源、供暖管道、散热设备三个基本部分组成。

2. 供暖系统按其作用范围、热媒种类、热源种类、供热范围、供回水管道与散热器连接方式等不同有不同的分类方法。民用建筑多采用集中供暖热水供暖系统，按循环动力分为自然循环、机械循环。

3. 供暖系统根据热源不同可分为热水供暖系统和蒸汽供暖系统。

4. 集中供暖分户热计量系统可分为上供式、下供式和中供式。辐射供暖根据辐射板表面温度的不同分为低温辐射采暖系统、中温辐射采暖系统和高温辐射采暖系统。多采用低温辐射采暖系统。

5. 供暖系统常用的阀门有止回阀、减压阀、安全阀、疏水器等。供暖系统还需由辅助设备构成：膨胀水箱、排气装置、除污器、补偿器等。

6. 室内供暖施工图一般由设计施工说明、平面图、系统图、详图、设备及主要材料明细表等组成。

7. 识读供暖施工图时，应首先熟悉施工图纸，核对图纸的完整性，自入口总管开始，沿供水总管—干管—立管—支管—散热设备—回水支管—立管—干管—回水总管的识读路线循环进行。

思考与练习

1. 供暖系统是如何进行分类的？

2. 供暖系统由哪几部分组成？

3. 自然循环热水供暖系统的工作原理是什么？

4. 机械循环热水供暖系统的主要形式有哪些？各有何特点？

5. 低压蒸汽采暖系统有何特点？

6. 散热器有哪些种类？各有何特点？其布置与安装有何要求？

7. 热水采暖与蒸汽采暖的比较与选用。

8. 除污器有几种？有何作用？

9. 温控阀有何作用？

10. 补偿器有几种？有何作用？

11. 室内供暖施工图由哪几部分构成？

12. 分户热计量有哪些优势？

第5章 通风空调工程

学习目标

- 了解通风系统的分类。
- 理解空调系统的分类及组成。
- 熟悉空调系统常用风管管件的类型。
- 熟悉空调系统处理设备。
- 能进行通风空调施工图的识读。

随着人们生活水平的提高，对生活品质的要求也越来越高，装修档次提高、娱乐场所增多等使得污染源也随之增多，空气质量越来越差，于是，建筑通风系统就变得十分必要。

5.1 通风系统

5.1.1 通风的任务和功能

在工业生产过程中，伴随着某些产品的生产，将会有大量的热、湿、粉尘和有毒气体产生。例如，在各种金属冶炼、铸造、锻压和热处理过程中会产生大量的热量；在某些化学工业车间中会产生大量的有毒气体和蒸气。对这些有害物如果不采取防护措施，将会污染车间里的空气和恶化大气的环境，对工作人员的身体健康造成危害，会影响设备的运转，危害产品的质量。在民用建筑中，装修材料、家具及其他物品大量使用的合成材料，产生了各种挥发性有机物（甲醛、甲苯等），它们以及人体产生的 CO_2、水蒸气、微生物等污染物，降低了室内空气的品质，污染室内环境，会直接影响到人们的身体健康。

所以通风措施就显得尤为重要。通风就是利用自然或者机械的方法向某一房间或空间送入室外空气，或由某一房间或空间排出空气的过程。送入的空气可以是经处理过的，也可以是不经处理的。换句话说，通风是利用室外空气（称为新鲜空气或新风）来置换建筑物内的空气（简称室内空气），以改善室内空气的品质。

通风的功能有：提供人呼吸所需要的氧气；稀释室内污染物或气味；排除室内装修过程产生的污染物；除去室内多余的热量或湿量；提供室内燃烧设备燃烧所需的空气。

5.1.2 通风系统的分类

通风系统按照空气流动的作用动力可分为自然通风和机械通风两种。在有可能突然释放大量有害气体或有爆炸危险的生产厂房内还应设置事故通风装置。

5.1.2.1 自然通风

自然通风是在自然压差的作用下，使室内外空气经过建筑物围护结构的孔口流动的通风换气。根据压差的机理，自然通风分为热压作用下的自然通风、风压作用下的自然通风以及热压和风压共同作用下的自然通风。

热压作用下的自然通风：是以室内外温度差引起的压力差为动力的自然通风。

风压作用下的自然通风：是建筑物在风压作用下，正值风压的一侧进风，而在负值风压的一侧排风，就形成风压作用下的自然通风。

热压和风压共同作用下的自然通风：是指热压和风压共同作用下的自然通风。

5.1.2.2 机械通风

机械通风是依靠机械提供的动力迫使空气流通以进行室内外空气交换的方式。机械通风根据有害物分布的状况，按照系统作用范围的大小分为局部通风和全面通风两类。

① 局部通风：利用局部的送排风装置控制室内局部地区的污染物的传播或控制局部地区的污染物浓度以达到卫生标准要求的通风称为局部通风。局部通风又分为局部送风和局部排风。局部排风：局部排风是直接从污染源处排除污染物的一种局部通风方式。局部送风：在一些大型车间中，尤其是有大量余热的高温车间中，采用全面通风已经无法保证室内的所有地方都达到适宜的空气环境。在这种情况下，可以向局部工作地点送风，形成适合工作人员温度、湿度、清洁度的局部空气环境，这种通风方式称为局部送风。

② 全面通风：又称稀释通风，原理是通过向某一房间送入清洁的新鲜空气来稀释室内空气中污染物的浓度，同时把含有污染物的空气排到室外，从而使室内空气中污染物的浓度达到卫生标准的要求。全面通风也分为全面排风和全面送风。

5.2 空调工程

实现对某一房间或空间内的温度、湿度、洁净度和空气流速等进行调节和控制，并提供足够量的新鲜空气的方法称为空气调节，简称空调。空调可以实现对建筑热湿环境、空气品质进行全面控制，包括采暖和通风的部分功能。

5.2.1 空调系统的分类

随着空调技术的发展和新空调设备的不断推出，空调系统的种类也日益增多，空调系统的分类方法也很多，如有按承担室内冷（热）负荷和湿负荷的介质分类、处理空气的来源分类等。本节重点介绍按空气处理设备的设置分类，有集中式空调系统、半集中式空调系统和分散式空调系统。

5.2.1.1　集中式空调系统

　　集中式空调系统的特点是：系统中的所有空气处理设备，包括风机、冷却器、加热器、加湿器、过滤器等都设置在一个集中的空调机房里，空气经过集中处理后，再送往各个空调房间。集中式空调主要用于工艺性空调。

　　集中式空调系统根据所使用的室外新风情况又分为封闭式系统、直流式系统和混合式系统三种，如图 5-1 所示。

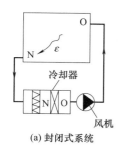
(a) 封闭式系统

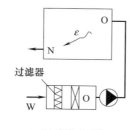
(b) 直流式系统

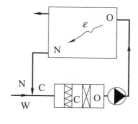
(c) 混合式系统

图 5-1　集中式空调系统的三种形式

N—室内空气；W—室外空气；C—混合空气；O—冷却器后的空气状态

　　在以上三种系统中，封闭式系统虽然因为冷、热耗量最少，很经济，但不能满足卫生条件要求；直流式系统虽然卫生条件好，但因冷、热耗量很大，不经济。因而，两者都只是在特定的情况下使用。而绝大多数空调系统，为了减少空调耗能和满足室内卫生条件要求，使用部分回风和室外新风，这种系统称为混合式系统。

　　（1）封闭式系统　封闭式系统处理的空气全部取自空调房间本身，没有室外新鲜空气补充到系统中来，全部是室内的空气在系统中周而复始地循环。因此，空调房间与空气处理设备由风管连成了一个封闭的循环环路。这种系统无论是夏季还是冬季冷热消耗量最省，但空调房间内的卫生条件差，人在其中生活、学习和工作易患空调病。因此，封闭式系统多用于战争时期的地下庇护所或指挥部等战备工程，以及很少有人进出的仓库等。

　　（2）直流式系统　直流式系统处理的空气全部取自室外，即室外的空气经过处理达到送风状态点后被送入各空调房间，送入的空气在空调房间内吸热吸湿后全部排出室外。与封闭式系统相比，这种系统消耗的冷（热）量最大，但空调房间内的卫生条件完全能够满足要求。因此，直流式系统适用于不允许采用室内回风的场合，如放射性实验室和散发大量有害物质的车间等。

　　（3）混合式系统　因为封闭式系统没有新风，不能满足空调房间的卫生要求，而直流式系统消耗的能量又大，不经济，所以封闭式系统和直流式系统只能在特定的情况下使用。对大多数有一定卫生要求的场合，往往采用混合式系统。混合式系统综合了封闭式系统和直流式系统的优点，既能满足空调房间的卫生要求，又比较经济合理，故在工程实际中被广泛地应用。

5.2.1.2　半集中式空调系统

　　半集中式空调系统的特点是：除了设有集中的空调机房外，还设有分散在各个空调房间里的二次设备（又称为末端装置）来承担一部分冷热负

二维码15

封闭式空调
系统动画

二维码16

直流式
空调系统动画

二维码17

混合式
空调系统动画

荷。如一些办公楼、宾馆中采用的风机盘管系统就是一种半集中式空调系统。它是把空调机房集中处理的新风送入房间，与经过风机盘管处理的室内空气一起承担空调房间的热湿负荷。

在半集中式系统中，空气处理所需的冷、热源也是由集中设置的冷冻站、锅炉房或热交换站供给的。因此，集中式和半集中式空调系统又统称为中央空调系统。

5.2.1.3　分散式空调系统

分散式空调系统又称为局部空调系统。它是把空气处理所需的冷热源、空气处理和输送设备、控制设备等集中设置在一个或两个箱体内，组成一个紧凑的空调机组。可按照需要，灵活地设置在需要空调的地方。空调房间通常所使用的窗式和柜式空调器就属于这类系统。

工程上，把空调机组安装在空调房间的邻室，使用少量风道与空调房间相连的系统也称为局部空调系统。

5.2.2　空调系统的组成

空调系统是指需要采用空调技术来实现的具有一定温度、湿度等参数要求的室内空间及所使用的各种设备的总称。空调系统由下面几部分组成。

5.2.2.1　空气处理部分

集中式空调系统的空气处理部分是一个包括各种空气处理设备在内的空气处理室。其中主要有过滤器、一次加热器、喷水室、二次加热器等。用这些空气处理设备对空气进行净化过滤和热湿处理，可将送入空调房间的空气处理到所需的送风状态点。各种空气处理设备都有现成的定型产品，这种定型产品称为空调机（或空调器）。

二维码18

集中式空调
系统动画

5.2.2.2　空气输送部分

空气输送部分主要包括送风机、回风机（系统较小时不用设置）、风管系统和必要的风量调节装置。送风系统的作用是不断将空气处理设备处理好的空气有效地输送到空调房间；回风系统的作用是不断地排出室内回风，实现室内的通风换气，保证室内空气的品质。

5.2.2.3　空气分配部分

空气分配部分主要包括设置在不同位置的送风口和回风口，其作用是合理地组织空调房间内的空气流动，保证空调房间内工作区（一般是2m以下的空间）的空气温度和相对湿度均匀一致，空气流速不致过大，以免对室内的工作人员和生产造成不良影响。

5.2.2.4　辅助系统部分

集中式空调系统是在空调机房内对空气进行集中处理后再送往各空调房间的系统。因此，空调机房内的制冷（热）设备和湿度控制设备等都是辅助设备。空调系统能否达到预期效果，空调能否满足房间的热湿控制要求，关键在于空气的处理。

5.2.3　空调系统管道、管件

5.2.3.1　常用风管类型和连接方式

目前，通风管道和配件的统一规格标准有圆形风管统一规格、矩形风管统一规格、圆形风管法兰统一规格、矩形风管法兰统一规格等。在风管统一规格标准中，风管的断面尺寸（直径和边长）是采用 $R20$ 系列来编制的。

按金属板材连接的目的，风管的连接可分为拼接、闭合接和延长接三种。拼接是两张钢板板边连接，以增大其面积；闭合接是指将板材卷成风管或配件时对口缝的连接；延长接是指两段风管之间的连接。按金属板材连接的方法，风管的连接分咬接、铆接和焊接三种，其中，咬接使用最广。

5.2.3.2　常用风管管件的类型

通风与空调系统常用风管管件的类型有弯头、来回弯、三通、法兰盘、阀门、柔性短管等。

（1）弯头　弯头是用来改变通风管道方向的配件，根据其断面形状可分为圆形弯头和矩形弯头。

（2）来回弯　来回弯在通风管中用来跨越或让开其他管道及建筑构件，根据其断面形状可分为圆形来回弯和矩形来回弯。

（3）三通　三通是通风管道分叉或汇集的配件，根据其断面形状可分为圆形三通和矩形三通。

（4）法兰盘　法兰盘用于风管之间及风管与配件的延长连接，并可增加风管强度。法兰盘按其断面形状可分为矩形法兰盘和圆形法兰盘。

（5）阀门　通风系统中的阀门主要用于启动风机，关闭风道、风口，调节管道内的空气量，平衡阻力等。阀门装于风机出口的风道、主下风道、分支风道或空气分布器之前等位置。常用的阀门有蝶阀和插板阀。

① 蝶阀。多用于风道分支处或空气分布器前端。蝶阀使用较为方便，转动阀板即可改变空气流量的大小，但严密性较差。

② 插板阀。多在风机出口或主干风道处用作开关。通过拉动手柄来调整插板的位置即可改变风道空气流量的大小。其调节效果好，但占用空间大。

（6）柔性短管　为了防止风机的振动通过风管传到室内引起噪声，常在通风机的入口和出口处装设柔性短管，其长度为 $150\sim200mm$。一般都用帆布做成，输送腐蚀性气体的通风系统用耐酸橡皮或 $0.8\sim1.0mm$ 厚的聚氯乙烯塑料布制成。

5.2.4　空调系统处理设备

5.2.4.1　喷水室

喷水室是空调系统中夏季对空气冷却除湿、冬季对空气加热加湿的设备，如图 5-2 所示。它是通过水直接与被处理的空气接触来进行热湿交换，在喷水室中喷入不同温度的水，可以实现空气的加热、冷却、加湿和减湿等过程。用喷水室处理空气的主要优点是：能够实

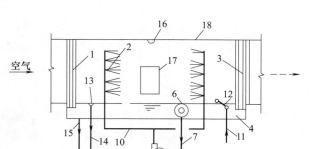

图 5-2　喷水室的构造

1—前挡水板；2—喷嘴与排管；3—后挡水板；
4—底池；5—冷水管；6—滤水器；7—循环水管；
8—三通调节阀；9—水泵；10—供水管；11—补
水管；12—浮球阀；13—溢水器；14—溢水管；
15—泄水管；16—防水灯；17—检查门；18—外壳

现多种空气处理过程，冬夏季工况可以共用一套空气处理设备，具有一定的净化空气的能力，金属耗量小，容易加工制作。缺点是：对水质条件要求高，占地面积大，水系统复杂，耗电较多。在空调房间的温、湿度要求较高的场合，如纺织厂、卷烟厂等工艺性空调系统中，得到广泛的应用。

5.2.4.2　表面式换热器

用表面式换热器处理空气时，对空气进行热湿交换的工作介质不直接与被处理的空气接触，而是通过换热器的金属表面与空气进行热湿交换。在表面式加热器中通入热水或蒸汽，可以实现对空气的等湿加热过程，通入冷水或制冷剂，可以实现对空气的等湿和减湿冷却过程。

表面式换热器通常垂直安装，也可以水平或倾斜安装。但是，以蒸汽做热媒的空气加热器不宜水平安装，以免集聚凝结水而影响传热效果。此外，垂直安装的表面式冷却器必须使肋片处于垂直位置，以免肋片上部积水而增加空气阻力。表面式冷却器的下部应装设集水盘，以接收和排除凝结水。为了便于使用和维修，在冷、热媒管路上应装设阀门、压力表和温度计。在蒸汽加热器管路上还应装设蒸汽压力调节阀和疏水器。为了保证换热器正常工作，在水系统的最高点应设排除空气装置，最低点设泄水和排污阀门。

表面式换热器具有构造简单、占地面积小、水质要求不高、水系统阻力小等优点，因而，在机房面积较小的场合，特别是高层建筑的舒适性空调中得到了广泛的应用。

5.2.4.3　电加热器

电加热器是让电流通过电阻丝发热来加热空气的设备。具有结构紧凑、加热均匀、热量稳定、控制方便等优点。但由于电费较贵，通常只在加热量较小的空调机组等场合采用。在恒温精度较高的空调系统里，常安装在空调房间的送风支管上，作为控制房间温度的调节加热器。

电加热器分为裸线式和管式两种，它具有结构简单、热惰性小、加热迅速等优点，但由于电阻丝容易烧断，安全性差，使用时必须有可靠的接地装置。为方便检修，常做成抽屉式的。

5.2.4.4　加湿器

加湿器是用于对空气进行加湿处理的设备，常用的有干蒸汽加湿器和电加湿器两种类型。

（1）干蒸汽加湿器　干蒸汽加湿器向空气中所喷的是干蒸汽。它是使用锅炉等加热设备生产的蒸汽对空气进行加湿处理。

（2）电加湿器　电加湿器是使用电能生产蒸汽来加湿空气。

5.2.4.5　空气过滤器

空气过滤器是用来对空气进行净化处理的设备，通常分为粗效、中效和高效过滤器三种类型。为了便于更换，一般做成块状。此外，为了提高过滤器的过滤效率和增大额定风量，可做成抽屉式或袋式。

粗效过滤器主要用于空气的初级过滤，过滤粒径在 $10 \sim 100 \mu m$ 范围的灰尘，通常采用金属网格、聚氨酯泡沫塑料及各种人造纤维滤料制作。

中效过滤器用于过滤粒径在 $1 \sim 10 \mu m$ 范围的灰尘。通常采用玻璃纤维、无纺布等滤料制作。为了提高过滤效率和处理较大的风量，常做成抽屉式或袋式等形式。

高效过滤器用于过滤粒径在 $0.5 \sim 1 \mu m$ 范围的灰尘，应用在对空气洁净度要求较高的净化空调中。通常采用超细玻璃纤维、超细石棉纤维等滤料制作。

空气过滤器应经常拆换清洗，以免因滤料上积尘太多，风管系统的阻力增加，使空调房间的温、湿度和室内空气洁净度达不到设计的要求。

5.3　通风空调工程识图

5.3.1　通风与空调工程施工图的组成

通风与空调工程施工图主要是由设计施工说明、设备材料明细表、通风空调系统平面图、通风空调系统剖面图、通风空调系统图、原理图及详图等组成。

（1）设计施工说明　设计施工说明主要包括以下内容：设计时使用的基本参数，通风空调系统的设置，通风空调系统的参数，风管、水管的材料和制作要求，支吊架的安装要求，防腐保温做法等。

（2）设备材料明细表　设备材料明细表中会注明通风空调系统中主要设备的名称、规格、单位和数量等。

（3）通风空调系统平面图　通风空调系统平面图是表示通风空调系统管道和设备的平面布置情况。其主要内容有：通风空调系统的设置，如空调系统 K-1，新风系统 X-1，排风系统 P-1，排烟系统 PY-1 等；工艺设备和通风空调设备及其定位尺寸，如风机、送风口、回风口、风机盘管等；通风空调系统管道，如风管及其截面尺寸和定位尺寸，管道的弯头、三通或四通、变径管等。

（4）通风空调系统剖面图　通风空调系统剖面图是表示通风空调系统管道和设备的高度布置情况。其主要包括建筑物地面和楼面的标高，通风空调设备、管道的位置尺寸和标高，风管的截面尺寸，风口的大小等。

（5）通风空调系统图　通风空调系统图用来表示通风空调系统管道和设备在空间的立体走向。其主要包括通风空调系统的设置编号；系统主要设备的轮廓、编号或设备的型号规格；管道及附件布置情况，如风管的断面尺寸和标高、风口及空气的流动方向等。

（6）原理图　原理图一般为空调原理图，其主要包括：系统的原理和流程，空调房间的设计参数、冷热源、空气的处理和输送方式，控制系统之间的相互关系，系统中的管道、设备、仪表、部件，整个系统控制点与测点间的联系，控制方案及控制点参数，用图例表示的仪表、控制元件的型号等。

（7）详图　详图用来表示通风空调系统设备的具体构造、安装情况及其相应的尺寸。总的来说，有设备、管道的安装详图，设备、管道的加工详图，设备、部件的结构详图等。

5.3.2　通风与空调工程施工图的识读

识读通风与空调工程施工图的基本方法是先阅读图纸目录和设计施工说明，掌握与图纸有关的图例符号所代表的含义及工程概括；然后确定和阅读有代表性的图纸，并根据图纸编号找出有代表性的图纸，如总平面图、空调系统平面布置图、冷冻机房平面图、空调机房平面图。识图时，先从平面图开始，然后再看剖面图、系统图和详图。识读时还应注意以下几点。

① 施工中的风管系统和水管系统（包括冷冻水系统和冷却水系统）具有相对独立性，因此看图时应将风管系统与水管系统分开阅读，然后再综合阅读。

② 风管系统和水管系统都具有一定的流动方向，有各自的回路；阅读时可以从冷水机组或空调设备开始，直至经过完整的环路又回到起点。

③ 风管系统与水管系统在空间的走向往往是纵横交错的，在平面图上很难表示清楚，因此平面图、剖面图和系统图要相互对照查阅，以便尽快弄清系统的全貌。

本章小结

1. 通风系统按照空气流动的作用动力可分为自然通风和机械通风两种。

2. 空调系统的分类按空气处理设备的设置分类，有集中式空调系统、半集中式空调系统和分散式空调系统。

3. 空调系统由空气处理部分、空气输送部分、空气分配部分和辅助系统部分组成。

4. 通风与空调系统常用风管管件的类型有弯头、来回弯、三通、法兰盘、阀门、柔性短管等。

5. 常见的空调系统处理设备。

思考与练习

1. 通风系统的分类有哪些？

2. 什么是空气调节？

3. 空气调节系统有哪几种类型？试说明集中式、半集中式和分散式空调系统的主要特点和适用场合。

4. 空气处理设备都有哪几种？

5. 建筑通风与空调工程施工图由哪些部分组成？

第6章 建筑电气工程

学习目标

- 了解电气的基础知识。
- 了解电力系统组成、供配电系统的主要设备及其作用。
- 了解配电系统的几种基本形式，掌握设备及线缆的选择原则。
- 了解照明的基本概念，熟悉室内照明线路及施工。
- 了解防雷、接地系统的安装系统。
- 掌握电气照明施工图的常见图例、表示方法及识读方法。

6.1 电气基础知识

电能在各种形式的能量中占有重要的地位，在现代工业、农业、国防、科技以及日常生活中得到广泛的应用，原因是电能的生产、输送、使用及控制都十分方便，而且电能和各种能量都可以比较容易地通过转换设备相互转换。

建筑电气系统包括供配电系统、照明系统、防雷接地系统、通信系统、安防系统。各类建筑电气系统虽然作用各不相同，但它们一般都由用电（或终端）设备、配电（或传输）设备和保护（或控制）设备三大部分组成。

用电（或终端）设备种类繁多，作用各异，分别体现出各类系统的功能特点。

配电（或传输）设备用于分配电能和传输信号。各类系统的线路均为各种型号的导线或电缆，其安装和敷设方式也都大致相同。

保护（或控制）设备是对相应系统实现保护（或控制）等作用的设备。这些设备常集中安装在一起，组成配电（控制）盘、柜等。若干盘、柜集中在同一房间中，即形成各种建筑电气专用房间。在建筑平面设计中，需结合这些房间的具体功能进行统一安置。

6.2 建筑供配电系统

6.2.1 电力系统

在大自然中，人们通过技术，把自然界中的能量转化为电能为人类使用。电能是世界上最环保的能源之一，人们生活、生产离不开电能。电力是工农业生产、国防建设、建筑中的主要动力，在现代社会中得到了广泛应用。

电力系统是由发电厂、电力网和电力用户组成的统一整体。电能的生产、输送和分配过程全部在电力系统中完成。

6.2.1.1 发电厂

发电厂是将一次能源（水力、火力、风力、原子能等）转换成电能的场所。

发电厂的种类很多，根据利用能源的不同，有火力发电厂、水力发电厂、核能发电厂、地热发电厂、潮汐发电厂、风力发电厂和太阳能发电厂等。在现代的电力系统中，我国主要以火力和水力发电为主。近些年来，我国在核能发电能力上有很大提高，相继建成了广东大亚湾、浙江秦山等核电站。

6.2.1.2 电力网

电力网是电力系统中重要的组成部分，是电力系统中输送、交换和分配电能的中间环节。电力网由变电所、配电所和各种电压等级的电力线路所组成。电力网的作用是将发电厂生产的电能变换、输送、分配到电能用户。

变电所是变换电压和交换电能的场所，由电力变压器和配电装置组成。按照变压器的性质和作用不同，又可分为升压变电所和降压变电所两种。

配电所主要作用是分配电能，仅装有配电装置而没有电力变压器。配电所分高压配电所、低压配电所等。

我国电力网的电压等级主要有 0.22kV、0.38kV、3kV、6kV、10kV、35kV、110kV、220kV、330kV、550kV 等。其中，35kV 及以上的电力线路为输电线路，10kV 及以下的电力线路为配电线路。高压输电可以减少线路上的电能损失和电压损失，通过减小导线的截面从而节约有色金属。

6.2.1.3 电力用户

电力用户是所有用电设备的总称，又称电力负荷。按其用途可分为动力用电设备（如电动机等）、工艺用电设备（如电解、电焊设备等）、电热用电设备（如电炉等）和照明用电设备（如灯具等）等。

6.2.2 负荷等级划分

民用建筑负荷，根据建筑物的重要性及中断供电在政治、经济上所造成的损失或影响的程度，将民用建筑用电负荷分为三级。

（1）一级负荷　符合下列情况之一时，应为一级负荷：

① 中断供电将造成人身伤亡时；

② 中断供电将在政治、经济上造成重大影响或损失时；

③ 中断供电将影响有重大政治、经济意义的用电单位的正常工作，或造成公共场所秩序严重混乱时。例如重要通信枢纽、重要交通枢纽、重要的经济信息中心，特级或甲级体育建筑、国宾馆、国家级及承担重大国事活动的会堂以及经常用于重要国际活动的大量人员集中的公共场所等用电单位中的重要电力负荷。

在一级负荷中，当中断供电后将影响实时处理重要的计算机及计算机网络正常工作以及特别重要场所中不允许中断供电的负荷，为特别重要的负荷。

（2）二级负荷　符合下列情况之一时，应为二级负荷：

① 中断供电将造成较大政治影响时；

② 中断供电将造成较大经济损失时；

③ 中断供电将影响重要用电单位的正常工作，或造成公共场所秩序混乱时。

（3）三级负荷　不属于一级和二级的负荷。

常见民用建筑（部分）中一级、二级用电负荷见表 6-1。

表 6-1　民用建筑常用重要电力负荷级别

建筑类别	建筑物名称	用电设备及部位	负荷级别
住宅建筑	高层普通住宅	电梯、照明	二级
旅馆建筑	高级旅馆	宴会厅、新闻摄影、高级客房电梯	一级
	普通旅馆	主要照明	二级
办公建筑	省、市、部级办公室	会议室、总值班室、电梯、档案室、主要照明	一级
	银行	主要业务用计算机及外部设备电源、防盗信号电源	一级
教学建筑	教学楼	教室及其他照明	二级
	实验室		一级
科研建筑	科研所重要实验室,计算机中心、气象台	主要用电设备	一级
		电梯	二级
文娱建筑		舞台、电声、贵宾室、广播及电视转播、化妆、照明	一级
医疗建筑	县级及以上医院	手术室、分娩室、急诊室、婴儿室、重症监护室、照明	一级
		细菌培养室、电梯	二级
商业建筑	省辖市以上百货大楼	营业厅主要照明	一级
		其他附属	二级
博物建筑	省、市、自治区及以上博物馆展览馆	珍贵展品室、防盗信号电源	一级
		商品展览用电	二级
商业仓库建筑	冷库	冷库、有特殊要求的冷库压缩机、电梯、库内照明	二级
监狱建筑	监狱	警卫信号	一级

6.2.3　供配电系统

6.2.3.1　供配电系统中的主要设备

除根据供电电压与用电电压是否一致而确定是否需要选用变压器外，根据供配电过程中输送电能、操作控制、检查计量、故障保护等不同要求，一般还要包括如下设备。

① 输送电能设备，如母线、导线和绝缘子，这三者是输送电能必不可少的设备。

② 通断电路设备。高压线、大功率采用断路器，低电压、中小功率采用自动空气开关

或刀闸等。

③ 检修指示设备，如高压隔离开关。

④ 满足高电压、大电流检查计量和继电保护需要的电压互感器和电流互感器。

⑤ 故障保护设备，如熔断器等。

⑥ 雷电保护设备，如避雷器等。

⑦ 功率因数改善设备，如电容器等。

⑧ 限制短路电流设备，如电抗器等。

二维码19

供配电系统构成图

从开关设备到电抗器的全部设备，都是为了方便于、有利于系统的运行而加入的，统称为电器。全部电气装置和电器，即供配电系统中的全部设备统称为电气设备。

6.2.3.2 配电柜

用于安装电气设备的柜状成套电气装置称为配电柜。其中，用于安装高压电气设备的称为高压配电柜，用于安装低压电气设备的称为低压配电柜。安装布置高压配电柜的房间称为高压配电室，安装布置低压配电柜的房间称为低压配电室。变（配）电室就是由高压配电室、变压器室和低压配电室三个基本部分有机组合而成的。对于设置有变压器的大型建筑物来说，变（配）电室是其重要组成部分，应在建筑平面设计中统一加以考虑。

6.2.3.3 变（配）电所和常用设备

变（配）电所是联系发电厂与用户的中间环节，它起着变换与分配电能的作用。常见的10kV 变电所主要由变压器、高压开关柜（断路器）、低压开关柜（隔离开关、空气开关、电流感器、计量仪表）和母线组成。

（1）变（配）电所位置的选择原则　一般来讲，变（配）电所的位置应根据以下条件综合确定：接近负荷中心，这样可以降低电能损耗，节约输电线用量；进出线方便；接近电源侧；设备吊装、运输方便；不应设在有剧烈振动的场所；不宜设在多尘、水雾（如大型冷却塔）或有腐蚀性气体的场所，如无法远离，则不应设在污染源的下风侧；不应设在厕所、浴室或其他经常积水场所的正下方或贴邻设置；变（配）电所为独立建筑物时，不宜设在地势较低洼和可能积水的场所；高层建筑地下室的变（配）电所的位置，宜选在通风、散热条件较好的场所；变（配）电所位于高层（或其他地下建筑）的地下室时，不宜设在最底层，当地下仅有一层时，应采取适当抬高该场所地面等防水措施，并应避免洪水或积水从其他渠道淹没变（配）电所的可能性；当建筑物的高度超过 100m 时，也可在高层区的避难层或技术层内设置变（配）电所。一般情况下，低压供电半径不宜超过 250m。

（2）变（配）电所的主接线方式　变（配）电所的主接线（也称一次接线）是指由各种开关电器、电力变压器、互感器、母线电力电缆、并联电容器等电气设备按一定次序所连接的接受和分配电能的电路。它是电气设备选择及确定配电装置安装方式的依据，也是运行人员进行各种倒闸操作和事故处理的重要依据。主接线的基本方式有单母线接线、双母线接线和桥式接线等。

（3）变（配）电所的形式　变（配）电所的形式有独立式、附设式、杆上式或高台式、成套式。其中，附设式又分为内附式和外附式。

（4）常用设备　常用的高压一次电气设备有高压隔离开关、高压断路器、高压负荷开关、高压熔断器、高压开关柜、避雷器和互感器等；常用低压设备有刀开关、低压断路器

（图 6-1）、低压熔断器和低压配电柜等。

6.2.3.4　配电系统的基本形式

配电系统的形式有多种，应根据具体情况选择使用，常用的有下面几种形式。

（1）放射式系统　放射式系统是由供电点直接供给用电设备或配电箱的配电方式。其优点是配电线路发生故障时互不影响，供电可靠性高，配电设备集中，检修比较方便，易于实现集中控制；缺点是线路多，导线消耗较多，系统灵活性差。这种配电方式经常用于用电设备容量大、负荷集中或重要的用电设备，需要集中控制的设备，要求供电可靠性高的设备以及有腐蚀性介质和爆炸危险等不宜将配电及保护设备放在现场的场所。

（2）树干式系统　树干式系统是指从供电点引出的每条配电线路可连接几个用电设备或配电箱的配电方式，树干式系统比放

图 6-1　低压断路器

射式系统线路的总长度短，可以节约有色金属，比较经济；易于扩展；施工方便，配电线路的安装费用较低，其缺点是干线发生故障时，影响范围大，供电可靠性较差；导线的截面面积较大，这种配电方式在用电设备较少、供电线路较长且对供电可靠性要求不高时采用。

（3）链式系统　链式系统也是在一条供电干线上带多个用电设备或配电箱，与树干式系统不同的是，其线路的分支点在用电设备或配电箱内，即后面设备的电源引自前面设备的端子。链式系统的优点是线路上无分支点，适合穿管敷设或电缆线路，节省有色金属；缺点是线路或设备检修及线路发生故障时，相连设备全部停电，供电的可靠性差，这种配电方式适用于暗敷线路供电可靠性要求不高的小容量设备，一般串联的设备不宜超过 3～5 台，总容量不宜超过 10kW。

（4）变压器-干线式系统　变压器-干线式系统除了具有树干式系统的优点外，其接线更简单，能大量减少低压配电设备，为了提高母干线的供电可靠性，应适当减少接出的分支回路，一般不宜超过 10 个。但对于频繁启动、容量较大的冲击负荷，以及对电压质量要求严格的用电设备，不宜采用此方式供电。

（5）混合式系统　混合式系统具有放射式系统和树干式系统的共同特点，这种供电方式适用于用电设备多或配电箱多、容量比较小、用电设备分布比较均匀的场合。

在实际工程中，配电系统很少单独采用某一种形式的配电方式，多数是采用综合形式，如一般民用住宅所采用的配电形式大多为放射式系统、树干式系统和链式系统的结合。

6.2.3.5　配电线路的敷设

（1）电缆线路的敷设　室外电缆可在排管、电缆沟、电缆隧道内敷设，也可以架空敷设与直接埋地敷设。室外电缆架空敷设造价低，施工容易，检修方便，但是与电缆沟敷设相比，美观性较差。室内电缆通常采用金属托架或金属托盘明设。在有腐蚀性介质的房间内明敷的电缆宜采用塑料护套电缆。

（2）绝缘电缆的敷设　绝缘电缆的敷设方式可分为明敷和暗敷。明敷时，电缆直接或者置于管子、线槽等保护体内，敷设于墙壁、顶棚的表面及桁架等处；暗敷时，电缆置于管子、线槽灯保护体内，敷设于墙壁、顶棚、地坪及楼板等内部，或者在混凝土板孔内。金属管、塑料管及金属线槽等布线应采用绝缘电缆。

（3）线槽布线　金属线槽布线一般适用于正常环境的室内场所明敷，但对金属线槽有严重腐蚀的场所不应采用，具有槽盖的封闭式金属线槽，可在建筑物顶棚内敷设，塑料线槽布线一般适用于正常环境的室内场所，但高温和易受机械损伤的场所不宜采用。弱电线路可采用难燃型带盖塑料线槽在顶棚内敷设。

强、弱电线路不应敷设在同一塑料线槽内。塑料线槽内不得有接头，分支接头应在接线盒内进行。

6.3 建筑电气照明系统

照明是一门以光学为基础的综合性技术，现代照明技术则是以电能转换为光能来实现的，照明工程的发展有赖于电工技术的进步。从光学的角度来考虑电气照明的基本要求，使照明能满足生产和生活的需要。

6.3.1 照明方式与种类

6.3.1.1 照明的方式

建筑电气照明的方式主要有一般照明、分区一般照明、局部照明和混合照明。

（1）一般照明　不考虑特殊部位的照明，只要求照亮整个场所的照明方式，如办公室、教室、仓库等。

（2）分区一般照明　根据需要，加强特定区域的一般照明方式，如专用柜台、商品陈列处等。

（3）局部照明　为满足某些部位的特殊需要而设置的照明方式，如工作台、教室的黑板等。

（4）混合照明　以上照明方式的混合形式。

6.3.1.2 照明的种类

电气照明种类可分为正常照明、应急照明、警卫照明、值班照明、景观照明和障碍照明。

（1）正常照明　在正常情况下，为保证能顺利地完成工作而设置的照明。如教室、办公室、车间等。

（2）应急照明　因正常照明的电源发生故障而临时应急启用的照明。如影剧院、高层建筑疏散楼梯、大型商场等。应急照明包括备用照明、安全照明和疏散照明。

① 备用照明：当正常照明因故障熄灭后，对需要确保正常工作或活动继续进行的场所的照明。

② 安全照明：用于确保处于潜在危险之中的人员安全照明。

③ 疏散照明：对需要确保人员安全疏散的出口和通道的照明。

（3）警卫照明　用于警戒而安装的照明。有警戒任务的场所，根据警戒范围的要求设置警卫照明。

（4）值班照明　非工作时间，为值班所设置的照明。大面积场所，如商场等，宜设置值班照明。

（5）景观照明　用于满足建筑规划、市容美化和建筑物装饰要求的照明。

（6）障碍照明　在建筑物上装设的作为障碍标志的照明。有危及航行安全的建筑物、构筑物上，根据航行要求设置障碍照明。

6.3.2　室内照明线路与施工

照明线路主要由进户线、总配电箱、干线、分配电箱、支线和用户配电箱（或照明设备）等组成。

6.3.2.1　电源进线

二维码20

照明线路组成图

（1）供电电源与形式　建筑内不同性质、功能的照明线路负荷等级不同。一类高层建筑的应急照明、走廊照明、值班照明、障碍照明等为一级负荷；二类高层建筑的应急照明、走廊照明等为二级负荷。负荷等级不同，对供电电源的要求就会不同。

作为一级负荷的照明线路，应采用两路电源供电，电源线路取自不同的变电站，为保证供电的可靠性，工程常多设一路电源，作为应急，常用的应急电源有蓄电池、发电机、不间断电源 UPS 或 EPS 等。二级负荷采用两回线路供电，电源线路取自同一变电所不同的母线，但一般也设置蓄电池等应急电源。三级负荷对电源无特殊要求。

照明系统的供电一般应采用 380V/220V 三相四线制（TN-C 接地系统）中性点直接接地的交流电源（需在进建筑物处作重复接地并引出中性线 N、保护线 PE，构成一个 TN-C-S 供电系统），也可采用三相五线制（TN-S 接地系统）交流电源。如负荷电流≤40A 时，可采用 220V 单相二线制的交流电源。

在易触电、工作面较窄、特别潮湿的场所（如地下建筑）和局部移动式的照明，应采用 36V、24V、12V 的安全电压供电。

（2）电源进线线路敷设　电源进线的形式主要为架空进线和电缆进线。

① 架空进线由接户线和进户线组成。接户线是指建筑附近城市电网电杆上的导线引至建筑外墙进户横担的绝缘子上的一段线路；进户线是由进户横担绝缘子经穿墙保护管引至总配电箱或配电柜内的一段线路。接户线和进户线组成如图 6-2 所示。

② 电缆进线是由室外埋地进入室内总配电箱或配电柜内的一段线路，导线穿过建筑物基础时要穿钢管保护，并作防水、防火处理。

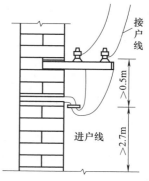

图 6-2　接户线和进户线组成

6.3.2.2　配电箱

电气照明线路的配电级数一般不超过三级，即总配电箱、分配电箱和用户配电箱。若配电级数过多，则线路过于复杂，不便于维护。

（1）配电箱的作用　配电箱是将断路器、刀开关、熔断器、电度表等设备、仪表集中设置在一个箱体内的成套电气设备。配电箱在电气工程中主要起电能的分配、线路的控制等作用，是建筑物内电气线路中连接电源和用电设备的重要电气组成装置。

（2）配电箱的种类　低压配电箱根据用途不同分为电力配电箱和照明配电箱两种。根据安装方式分为悬挂式、嵌入式和半嵌入式三种。根据材质分为铁制、木制和塑料制品，其中铁制配电箱使用较为广泛。

（3）配电箱的安装　配电箱的安装主要为明装和暗装两种形式。明装是指用支架、吊架和穿钉等将配电箱安装在墙、天棚和柱等表面的安装方式。暗装是指将配电箱嵌入墙体的安装方式。

配电箱安装的要求如下。

① 配电箱的金属框架及基础型钢必须接地（PE）或接零（PEN）可靠；装有电器的可开启门，门和框架的接地端子间应用裸编织铜线连接，且有标识。

② 低压照明配电箱应有可靠的电击保护装置。

③ 配电箱间线路的线间和线对地间绝缘电阻值，馈电线路必须＞0.5MΩ，二次回路必须＞1MΩ。

④ 配电箱内配线整齐，无铰接现象，导线连接紧密，不伤芯线，无小断股。垫圈下螺栓两侧压的导线截面积应相同，同一端子上导线连接不多于两根，防松垫圈等零件齐全。

⑤ 配电箱内开关动作灵活可靠，带有漏电保护的回路，漏电保护装置动作电流不大于30mA，动作时间不大于0.1s。

⑥ 配电箱内，分别设置零线（N）和保护地线（PE）汇流排，零线和保护地线经汇流排配出。

⑦ 配电箱安装垂直度允许偏差为不大于0.15%。

⑧ 控制开关及保护装置的规格、型号符合设计要求；配电箱上的器件标明被控设备编号和名称或操作位置，接线端子有编号，且清晰、工整、不易脱色。

⑨ 二次回路连线应成束绑扎，不同电压等级、交流、直流线路及控制线路应分别绑扎。

⑩ 配电箱安装高度如无设计要求时，一般暗装配电箱底边距地面为1.5m，明装配电箱底边距地面不小于1.8m。

6.3.2.3　干线与支线

照明线路的干线是指从总配电箱到各分配电箱的线路；支线是指由分配电箱到各照明电器（或用户配电箱）的线路。用户配电箱引出的线路也称为支线。

（1）干线线路的敷设　干线线路常用的敷设方法有封闭式母线配线、电缆桥架配线等。

① 封闭式母线配线是将封闭母线作为干线在建筑物中敷设的方式。封闭式母线可分为密集型绝缘母线和空气型绝缘母线，适用于额定工作电压660V、额定工作电流250～2500A、频率50Hz的三相供配电线路。它具有结构紧凑、绝缘强度高、传输电流大、易于安装维修、寿命时间长等特点，被广泛地应用在工矿企业、高层建筑和公共建筑等供配电系统。

封闭式母线应用的场所是低电压、大电流的供配电干线系统，一般安装在电气竖井内，使用其内部的母线系统向每层楼内供配电。

② 电缆桥架配线是架空电缆敷设的一种支持构架，通过电缆桥架把电缆从配电室或控制室送到用电设备。电缆桥架可以用来敷设电力电缆、控制电缆等，适用于电缆数量较多或较集中的室内外及电气竖井内等场所架空敷设，也可在电缆沟和电缆隧道内敷设。

电缆桥架按材料分为钢制电缆桥架、铝合金制电缆桥架和玻璃钢质电缆桥架。按形式有托盘式、梯架式等类型。电缆桥架由托盘、梯架的直线段、弯通、附件以及支（吊）架等构成。

（2）支线线路的敷设　民用建筑中照明支线线路常用的敷设的方法主要有线管配线、线槽配线等。

① 线管配线指将导线穿入线管内的敷设方式。常用的线管有金属管和塑料管。线管配电的优点是可保护导线不受机械损伤，不受潮湿尘埃等影响。线管配线有两种敷设方式：将线管直接敷设在墙上或其他明露处，称明管配线；将线管埋设在墙、楼板或地坪内等的隐蔽配线形式，称暗管配线。在工业厂房中，多采用明管配线；在易燃易爆等危险场所必须采用明管配线。一般民用建筑中，宜采用暗管配线。

② 线槽配线指将导线在线槽内敷设的方式。配线用线槽主要有塑料线槽和金属线槽。线槽配线适用于正常环境中室内明布线，钢制线槽不宜在有腐蚀性气体或液体环境中使用。线槽由槽底、槽盖及附件组成，外形美观，可对建筑物起到一定的装饰作用。线槽一般沿着楼板底部敷设。塑料线槽可以用螺钉和塑料胀管直接固定在墙上。规格较小的金属线槽可以用膨胀螺栓直接固定在墙上，规格较大的金属线槽一般用支架固定在墙上，或用吊架固定在楼板底下。

6.3.2.4　照明线路设备

照明线路的设备主要有灯具、开关、插座、风扇等，这里只介绍开关和插座。开关和插座的安装要求如下所述。

（1）开关安装要求

① 灯具电源的相线必须经开关控制。

② 开关连接的导线宜在圆孔接线端子内折回头压接（孔径允许折回头压接时）。

③ 多联开关不允许拱头连接，应采用缠绕或 LC 型压接帽压接总头后，再进行分支连接。

④ 安装在同一建（构）筑物的开关应采用同一系列的产品，开关的通断方向一致，操活灵活，导线压接牢固，接触可靠。

⑤ 翘板式开关距地面高度设计无要求时，应为 1.3m，距门口为 150～200mm；开关不得置于单扇门后。

⑥ 开关位置应与灯位相对应；并列安装的开关高度应一致。

⑦ 在易燃、易爆和特别潮湿的场所，开关应分别采用防爆型、密闭型，或安装在其他场所进行控制。

（2）插座安装要求

① 单相两孔插座有横装和竖装两种。横装时，面对插座的右极接相线（L），左极接（N）中性线；竖装时，面对插座的上极接相线（L），下极接（N）中性线。

② 单相三孔、三相四孔及三相五孔插座的接地（PE）或接零（PEN）线均应接在上孔，插座的接地端子不应与零线端子连接。

③ 不同电源种类或不同电压等级的插座安装在同一场所时，外观与结构应有明显区别，不能互相代用，使用的插头与插座应配套。同一场所的三相插座，接线的相序一致。

④ 插座箱内安装多个插座时，导线不允许拱头连接，宜采用接线帽或缠绕形式接线。

⑤ 车间及实验室等工业用插座，除特殊场所设计另有要求外，距地面不应低于 0.3m。

⑥ 在托儿所、幼儿园及小学校等儿童活动场所应采用安全插座。采用普通插座时，其安装高度不应低于 1.8m。

⑦ 同一室内安装的插座高度应一致；成排安装的插座高度应一致。

⑧ 地面安装插座应有保护盖板；专用盒的进出导管及导线的孔洞，用防水密闭胶严密封堵。

⑨ 在特别潮湿和有易燃、易爆气体及粉尘的场所不应装设插座，如有特殊要求需安装防爆型的插座，应有明显的防爆标志。

6.4 建筑防雷与接地系统

6.4.1 建筑防雷系统

6.4.1.1 雷电的产生与危害

（1）雷电的形成　雷电是一种常见的自然现象，每年春季开始活动，夏季最为频繁剧烈，秋季逐渐减少、削弱以至于消失。

雷电的形成过程可以分为气流上升、电荷分离和放电三个阶段。在雷雨季节，地面上的水分受热变成蒸汽上升，与冷空气相遇之后成水滴，形成积云。云中水滴受强气流摩擦产生电荷，小水滴容易被气流带走，形成带负电的云，较大的水滴形成带正电的云。由于静电感应，大地表面与云层之间、云层与云层之间会感应出异性电荷，当电场强度达到一定值时，即发生雷云与大地或大地与雷云之间的放电。

（2）容易发生雷击灾害的环境　不同环境下发生雷击灾害的比例是不同的。农田、在建的建筑物、开阔地、水域等环境发生雷击的比例最高，这是因为在农田、开阔地、水域等地方人们往往单独劳作或行动，而且这些地方地势平坦，相对而言人体位置可能较高，因而更容易被雷击中。雷电流可能会从头部进入人体，再从两脚流入大地。由于直接雷击时电流很大，很容易使被雷击者受到伤害。在建的建筑物一般没有防雷设备，钢筋、铁管等导体很多，因而也容易受到雷电袭击。

（3）雷击的选择性　建筑物遭受雷击的部分是有一定规律的，其易遭受雷击部分见表6-2。

表6-2　建筑物易受雷击部分

建筑物屋面的坡度	易受雷击的部分
平屋面或坡度不大于1/10的屋面	墙角、女儿墙、屋檐
坡度大于1/10，小于1/2的屋面	屋角、屋脊、檐角、屋檐
坡度大于或等于1/2的屋面	屋角、屋脊、檐角

（4）雷击的基本形式　雷电对地放电时，其破坏作用表现为以下四种基本形式。

① 直击雷。当天气炎热时，天空往往存在大量的雷云。当雷云飘近地面时，就在附近地面特别突出的树木或建筑物上感应出异性电荷。当电场强度达到一定值时，雷云就会通过这些物体与大地放电，这就是通常所说的雷击。这种直接击在建筑物或其他物体上的雷电叫直击雷。直击雷使被击物体产生很高的电位，从而引起过电压和过电流，不仅会击毙人畜，烧毁或劈倒树木，破坏建筑物，甚至引起火灾和爆炸。

② 感应雷。当建筑上空有雷云时，在建筑物上便会感应出相反电荷。在雷云放电后，虽然云与大地之间的电场消失了，但聚集在屋顶上的电荷不能立即释放，因而屋顶对地面便有相当高的感应电压，造成屋内电线、金属管道和大型金属设备放电，引起建筑物内易爆危险品爆炸或易燃物品燃烧。这里的感应电荷主要是雷电流的强大电场及磁场变化产生的静电

感应和电磁感应造成的，所以此状态称为感应雷，相应电压称为感应过电压。

③ 雷电波侵入。当输电线路或金属管路遭受直接雷击或发生感应雷时，雷电波便沿着这些线路侵入室内，造成人员、电气设备及建筑物的伤害和破坏，雷电波侵入造成的事故在雷害事故中占相当大的比重，应引起足够的重视。

④ 球形雷。球形雷的形成研究还没有完整的理论。通常认为它是一个温度极高的特别明亮炫目的发光体，直径在 10～20cm。球形雷通常在闪电后发生，以每秒几米的速度在空气中飘行，它能从烟囱、门、窗或孔洞进入建筑物内部造成破坏。

（5）雷暴日　雷电的大小和多少与气象条件有关，评价某地区雷电活动的频繁程度，一般以雷暴日为单位。在一天内只要听到雷声成者看到雷闪就算一个雷暴日。由当地气象台（站）统计的多年雷暴日的年平均值，称为年平均雷日数，单位为 d/a （天/年）。年平均雷暴日不超过 15d 的地区称为少雷区，超过 40d 的地区为多雷区。

（6）雷电的危害　雷电有多方面的破坏作用。雷电的危害一般分成两种类型：一是直接破坏作用，主要表现为雷击的热效应和机械效应；二是间接破坏作用，主要表现为雷电产生的电气效应和电磁效应。

① 热效应。雷电流通过导体时，在极短时间内转换成大量的热能，可造成物体燃烧、金属熔化，极易引起火灾、爆炸等事故。

② 机械效应。雷电的机械效应所产生的破坏作用主要表现为两种形式：一是雷电流流入树木或建筑物构件时在它们内部产生的内应力；二是雷电流流过金属物体时产生的电动力。

雷电流产生的热效应的温度很高，一般为 6000～20000℃，甚至更高。当它通过树木或建筑物墙壁时，被击物体内部水分受热急剧汽化，或缝隙中分解出的气体剧烈膨胀，因而在被击物体内部产生强大的机械力，使树木或建筑物遭受破坏，甚至爆裂成碎片。另外，载流导体之间存在着电磁力的相互作用，这种作用力称为电动力。当强大的雷电流通过电气线路和电气设备时，也会产生巨大的电动力使它们遭受破坏。

③ 电气效应。雷电引起的过电压会击毁电气设备和线路的绝缘层，产生火花放电，引起开关掉闸，造成线路停电；过电压还会干扰电子设备，使系统数据丢失，造成通信、计算机、控制调节等电子系统瘫痪。绝缘损坏可能会引起短路，导致火灾或爆炸事故。防雷装置在释放巨大的雷电流时，其本身的电位会升高，可能会发生雷电反击。雷电流流入地下，又可能产生跨步电压，导致电击等。

④ 电磁效应。由于雷电流量值大且变化迅速，在它周围空间就会产生强大且变化剧烈的磁场，处于这个变化磁场中的金属物体就会感应出很高的电动势，使构成闭合回路的金属物体产生感应电流，产生发热现象。此热效应可能会使设备损坏，甚至引起火灾，这对存放易燃易爆物品的建筑物将更危险。

6.4.1.2　建筑物的防雷等级划分

建筑物根据其重要性、使用性质、发生雷击事故的可能性和后果，分为三类防雷建筑物。

（1）第一类防雷建筑物　这是指制造、使用或贮存有炸药、火药、起爆药、火工品等大量爆炸物资的建筑物。这类建筑物因火花而引起爆炸，会造成巨大的破坏和人身伤亡。

（2）第二类防雷建筑物

① 国家级重点文物保护建筑物、会堂、办公建筑物、大型展览和博览建筑物、大型火车站、国宾馆、国家级档案馆、大型城市的重要给水泵房等特别重要的建筑物。

② 国家级计算中心、国际通信枢纽等对国民经济有重要意义且装有大量电子设备的建筑物。

③ 制造、使用或贮存爆炸物质的建筑物，且电火花不易引起爆炸或不致造成巨大破坏和人身伤亡者。

（3）第三类防雷建筑物

① 省级重点文物保护的建筑物及省级档案馆。

② 预计雷击次数≥0.012 次/a，且≤0.06 次/a 的部、省级办公建筑物及其他重要或人员密集的公共建筑物。

③ 预计雷击次数≥0.06 次/a，且≤0.3 次/a 的住宅、办公楼等一般性民用建筑物。

④ 平均雷暴日＞15d/a 的地区，高度在 20m 及以上的烟囱、水塔等孤立的高耸建筑物。

6.4.1.3　防雷装置及接地形式

防雷装置一般由接闪器、引下线和接地装置三个部分组成，如图 6-3 所示。

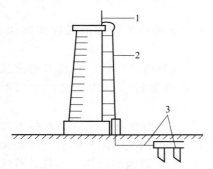

图 6-3　烟囱的防雷系统示意图
1—接闪器；2—引下线；3—接地装置

（1）接闪器　接闪器就是专门用来接收雷云放电的金属物体。接闪器的类型有避雷针、避雷线、避雷带、避雷网和避雷环等。

所有的接闪器都必须经过引下线与接地装置连接。接闪器利用其金属特性，当雷云接近时，它与雷云之间的电场强度最大，因而可将雷云"诱导"到接闪器本身，并经引下线和接地装置将雷电流安全地泄放到大地中去，从而保护物体免受雷击。

① 避雷针。避雷针主要用来保护露天发电配电装置、建筑物和构筑物，避雷针通常用镀锌圆钢、镀锌钢管或不锈钢钢管制成，可以安装在建筑物、支柱或电杆上。其下端经引下线与接地装置焊接连接，顶端磨尖，以利于尖端放电。为保证足够的雷电流流通量，避雷针的最小直径应满足一定要求，见表 6-3。

表 6-3　避雷针的最小直径

针型	最小直径/mm	
	圆钢	钢管
针长 1m 以下	12	20
针长 1~2m	13	25
烟囱上的针	20	40

避雷针对周围物体保护的有效性，常用保护范围来表示。在一定高度的接闪器下面，有一个一定的安全区域，处在这个安全区域内的被保护物体遭受直接雷击的概率非常小，这个安全区域称为避雷针的保护范围。

② 避雷线。避雷线是由悬挂在架空线上的水平导线、接地引下线和接地体组成的。水平导线起接闪器的作用，它对电力线路较长的保护物最为适用。

避雷线一般采用截面积不小于 35mm² 的镀锌钢绞线，架设在长距离高压供电线路或变电站构筑物上，以保护架空电力线路免受直接雷击，所以避雷线又叫架空地线。避雷线的作用原理与避雷针相同。

③ 避雷（带）网。避雷带和避雷网主要适用于建筑物，避雷带通常沿着建筑物易受雷击部位，如屋脊、屋檐、屋角等处装设带形导体。避雷网是将建筑物屋面上纵横敷设的避雷带组成网络，如图 6-4 所示。避雷带和避雷网一般无须计算保护范围，其网格大小按有关规定确定，对于防雷等级不同的建筑物，其要求也不同。

④ 避雷环。避雷环用圆钢或扁钢制作。《建筑物防雷设计规范》（GB 60057—2010）规定高度超过一定范围的钢筋混凝土结构、钢结构建筑物，应设均压环防侧击雷。当建筑物全部为钢筋混凝土结构时，即可将框架梁钢筋与柱内充当引下线的钢筋进行连接（绑扎或焊接）作为均压环。当建筑物为砖混结构但有钢筋混凝土组合柱和圈梁时，均压环的做法同钢筋混凝土结构；没有组合柱和圈梁的建筑物，应每三层在建筑物外墙内敷设一圈直径为 12mm 的镀锌圆钢作为均压环，并应与防雷装置的所有引下线连接，引下线的间距应小于 12m。

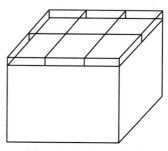

图 6-4 避雷网示意图

（2）引下线　引下线是连接接闪器与接地装置的金属导体，其作用是构成将雷电能量向大地泄放的通道，引下线一般采用圆钢或扁钢，要求镀锌处理。引下线应满足机械强度、耐腐蚀和热稳定性的要求。

（3）接地装置　接地装置是防雷装置的重要组成部分，其主要作用是向大地均匀地泄放电流，使防雷装置对地电压不至于过高。

6.4.1.4　不同级别建筑物的防雷措施

接闪器、引下线和接地装置是各类防雷建筑物都应装设的防雷装置。但由于对防雷的要求不同，各类防雷建筑物在使用这些防雷装置时的技术要求有所差异。

（1）第一类防雷建筑物的保护措施　在可靠性方面，对第一类防雷建筑物所提的要求相对来说是最为苛刻的。通常第一类防雷建筑物的防雷保护措施包括防直击雷、防雷电感应、防雷电波侵入和防侧雷击等保护内容，同时这些基本措施还应当按高标准执行。

① 防直击雷。应装设独立避雷针或架空避雷线（网），使被保护物体处于接闪器的保护范围内。当建筑物太高或由于其他原因难以装设独立避雷针、架空避雷线（网）时，可采用装设在建筑物上的避雷网，避雷针或混合组成的接闪器进行直击雷防护。避雷网的网格尺寸应不大于 5m×5m 或 6m×4m。

② 防雷电感应。建筑物的设备、管道、构架、电缆金属外皮、钢屋架和钢窗等较大金属物，以及凸出屋面的放散管和风管等金属物，均应接到防雷电感应的接地装置上。平行敷设的管道、构架和电缆金属外皮等长金属物，其净距小于 100mm 时应采用金属跨接，跨接点的间距不应大于 30m。长金属物的连接处应用金属线跨接。

③ 防雷电波侵入。低压线路宜全线用电缆直接埋地敷设，入户端应将电缆的金属外皮、钢管接到防雷电感应的接地装置上。架空金属管道，在进出建筑物处也应与防雷电感应的接地装置相连。距离建筑物 100m 内的管道，应每隔 25m 左右接地一次，埋地的或地沟内的金属管道，在进出建筑物处也应与防雷电感应的接地装置相连。

④ 侧雷击。当建筑物高于 30m 时，从 30m 起每隔不大于 6m 在建筑物四周设环形避雷带，并与引下线相连。30m 及以上外墙上的栏杆、门窗等较大的金属物与防雷装置连接。

⑤ 引下线间距应不大于 12m。

（2）第二类防雷建筑物的保护措施　第二类防雷建筑物仍采取与第一类防雷建筑物相似

的措施，但其规定的指标不如第一类防雷建筑物严格。

① 防直击雷。宜采用装设在建筑物上的避雷网（带）、避雷针或混合组成的接闪器进行直击雷防护，避雷网的网格尺寸应不大于 10m×10m 或 12m×8m。

② 防雷电波侵入。当低压线路全线采用电缆直接埋地敷设时，在入户端应将电缆金属外皮、金属线槽与防雷的接地装置相连。

③ 引下线的间距应不大于 18m。

（3）第三类防雷建筑的保护措施　第三类防雷建筑物主要采取防直击雷和防雷电波侵入的措施。

① 防直击雷。宜采用装设在建筑物上的避雷网（带）、避雷针或混合组成的接闪器进行直击雷防护。避雷网的网格尺寸应不大于 20m×20m 或 24m×16m。

② 防雷电波侵入。电缆进出线，应在进出段将电缆的金属外皮、钢管和电气设备的保护接地相连。架空线进出线，应在进出处装设避雷器，避雷器应与绝缘子铁脚、金具连接并接入电气设备的保护接地装置上。架空金属管道在进出建筑物处应就近与防雷接地装置相连或独自接地。

③ 引下线的间距应不大于 25m。

6.4.1.5　建筑物防雷系统的验收

① 建筑物顶部的避雷针、避雷带等必须与顶部外露的其他金属物体连成一个完整的电气电路，且与避雷引下线连接可靠。

② 避雷针、避雷带应位置正确，焊接固定的焊缝饱满无遗漏，螺栓固定的备帽等防松零件齐全，焊接部分的防腐油漆完整。

③ 避雷带应平正顺直，固定点支持件的间距均匀、固定可靠，每个支持件应能承受大于 5kg 的垂直拉力。

④ 暗敷在建筑物抹灰层内的引下线应用卡钉分段固定；明敷的引下线应平直、无急弯，与支架焊接处刷油漆防腐，且无遗漏。

⑤ 当利用金属构件、金属管道作接地线时，应在构件或管道与接地干线间焊接金属跨接线。

⑥ 接地线在穿越墙壁、楼板和地坪处应加套钢管或其他固定的保护套管，钢套管应与接地线做电气联通。

⑦ 当接地线跨越建筑物变形缝时，设补偿装置。

⑧ 接地线表面沿长度方向每段为 15～100mm，分别涂以黄色和绿色相间的条纹。

6.4.2　接地系统

为了满足电气装置和系统的工作特性和安全防护的需要，而将电气装置和电力系统的某一部位通过接地装置与大地土壤做良好的连接，即为接地。

6.4.2.1　接地

（1）工作接地　工作接地是为了保证电气设备的可靠运行并提供部分电气设备和装置所需要的相电压，将电力系统中的变压器低压侧中性点通过接地装置与大地直接连接的接地方式。

（2）保护接地　保护接地是为了防止电气设备由于绝缘损坏而造成触电事故，将电气设备的金属外壳通过接地线与接地装置连接起来的接地方式。其连接线称为保护线（PE）或保护地线和接地线。

（3）重复接地　当线路较长或接地电阻要求较高时，为尽可能降低零线的电阻，除变压器低压侧中性点直接接地外，将零线上一处或多处再进行接地，这种接地方式称为重复接地。

（4）防雷接地　为泄掉雷电流而设置的防雷接地装置，称为防雷接地。

6.4.2.2　低压电网的接地系统

低压电网是人们接触机会最多的电网。随着人们生活水平的提高，家用电器的使用日益普及，人身用电安全及电器火灾越来越引起人们的重视。其中，低压电网接地系统的设计与用电安全有很密切的关系。

按国际电工委员会（IEC）的规定，低压电网有三种接地系统。

（1）TN 系统　"T"表示电力网中性点是直接接地系统（一般指变压器中性点直接接地）；"N"表示电气设备正常不带电的金属外露部分与电力网采用直接电气连接，即我国平时所称的"保护接零"系统，TN 系统又可分为 TN-C 系统、TN-S 系统和 TN-C-S 系统三种，如图 6-5 所示。

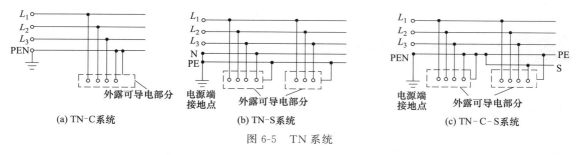

图 6-5　TN 系统

① TN-C 系统是整个系统的保护接地线"PE"与中性线"N"合用一根导线（PEN线），如图 6-5（a）所示。在我国，TN-C 系统俗称三相四线制或单相两线制系统。现在TN-C 系统已很少采用，尤其在民用配电中已基本上不允许采用 TN-C 系统。

② TN-S 系统是系统的保护接地线与中性线完全分开，如图 6-5（b）所示。在我国，TN-S 系统俗称三相五线制或单相三线制系统。TN-S 系统是我国现在应用最为广泛的一种系统。

③ TN-C-S 系统是系统的保护接地线与中性线在局部地方合用一根导线，TN-C-S 系统也是目前应用比较广泛的一种系统，如图 6-5（c）所示。

（2）TT 系统　第一个"T"的含义同 TN 系统，表示电力网中性点是直接接地系统，第二个"T"的含义表示电气设备不带电的外露金属部分对地直接连接，即我国平时所称的"保护接地"系统，如图 6-6 所示。在 TT 系统中，这两个接地必须是相互独立的。设备接地可以是每一个设备都有各自独立的接地装置，也可以是若干设备共用一个接地装置。

在我国，TT 系统主要用于城市公共配电网和农村电网。现在也有一些大城市（如上海等）在住宅配电系统中采用 TT 系统。

（3）IT 系统　IT 系统就是电源中性点不接地，用电设备外壳直接接地的系统，如图6-7所示。IT 系统中，连接设备外壳可导电部分和接地体的导线，就是 PE 线。在我国，IT 系统目前仅用于部分矿井下开采用的低压电网。

为了进一步提高用电安全水平，还需要在低压电网中使用漏电保护器（又称电开关）。

在电路中装上漏电开关后，可以大大提高 TN 系统和 TT 系统单相接地故障保护灵敏度，可以解决环境恶劣场所的安全供电问题，可以解决手握式、移动式电器的安全供电问题，可以避免相线接地故障时设备带危险的高电位，以及难免人体直接接触相线所造成的伤亡事故。装设漏电保护器对于防止电器火灾也有一定的效果。

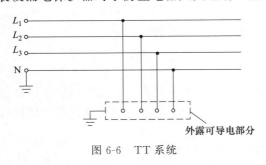

图 6-6　TT 系统

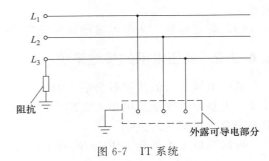

图 6-7　IT 系统

6.5　建筑电气照明工程施工图

6.5.1　建筑电气施工图的内容

建筑电气施工图由首页、电气系统图、平面图、电气原理接线图、设备布置图、安装接线图和大样图组成。

（1）首页　首页主要包括图纸目录、设计说明、图例及主要材料表等。图纸目录包括图纸的名称和编号，设计说明主要阐述该电气工程的概况、设计依据、基本指导思想、图纸中未能表明的施工方法、施工注意事项和施工工艺等。图例及主要材料表一般包括该图纸内的图例、图例名称、设备型号规格、设备数量、安装方法和生产厂家等。

（2）电气系统图　电气系统图是表现整个工程或工程一部分的供电方式的图纸，它集中反映电气工程的规模。

（3）平面图　平面图是表现电气设备与线路平面布置的图纸，它是进行电气安装的重要依据。电气平面图包括电气总平面图、电力平面图、照明平面图、变电所平面图和防雷与接地平面图等。

电力及照明平面图表示建筑物内各种设备与线路之间平面布置的关系、线路敷设位置、敷设方式，线管与导线的规格、设备的数量以及设备型号等。

在电力及照明平面图上，设备并不按比例画出它们的形状，通常采用图例表示，导线与设备的垂直距离和空间位置一般也不另用立面图表示，而是标注安装标高，以及附加必要的施工说明。

（4）电气原理接线图　电气原理接线图是表现某设备或系统电气工作原理的图纸，用来指导设备与系统的安装、接线、调试、使用与维护。电气原理接线图包括整体式原理接线图和展开式原理接线图两种。

（5）设备布置图　设备布置图是表现各种电气设备之间的位置、安装方式和相互关系的图纸。设备布置图主要由平面图、立面图、断面图、剖面图及构件详图等组成。

（6）安装接线图 安装接线图是表现设备或系统内部各种电气组件之间连线的图纸，用来指导接线与查线，它与原理图相对应。

（7）大样图 大样图是表现电气工程中某一部分或某一部件的具体安装要求与做法的图纸。其中，大部分大样图选用的是国家标准图。

6.5.2 建筑电气施工图识读

建筑电气工程图纸由大量的图例组成，在掌握一定的建筑电气工程设备和施工知识的基础上，读懂图例是识读的要点。此外，还要注意读图的方法及步骤。

6.5.2.1 图例

图例是工程中的材料、设备及施工方法等用一些固定的、国家统一规定的图形符号和文字符号来表示的形式。

（1）图例符号 图例符号具有一定的象形意义，比较容易和设备相联系进行识读。掌握一些常用的图形符号，读图的速度会明显提高。表 6-4 为部分常用的图形符号。

表 6-4 常用的图形符号（部分）

序号	名 称	图例符号	序号	名 称	图例符号
1	一般配电箱		16	动力配电箱	
2	照明配电箱		17	电源自动切换箱	
3	事故照明配电箱		18	隔离开关	
4	接触器（常开）		19	断路器	
5	避雷器		20	熔断器式隔离开关	
6	分线盒		21	室内分线盒	
7	灯		22	室外分线盒	
8	顶棚灯		23	球形灯	
9	壁灯		24	花灯	
10	防水防尘灯		25	弯灯	
11	荧光灯		26	三管荧光灯	
12	五管荧光灯		27	广照型灯（配照型灯）	
13	熔断器一般符号		28	熔断器式开关	
14	壁龛交接箱		29	中间配线架	IDF
15	开关一般符号		30	单极限时开关	

（2）文字符号

① 线路文字标注。线路的文字标注基本格式为 $ab\text{-}c(d\times e+f\times g)i\text{-}jh$。式中，$a$ 为线缆编号；b 为型号；c 为线缆根数；d 为线缆线芯数；e 为线芯截面面积，mm^2；f 为 PE、N 线芯数；g 为线芯截面面积，mm^2；i 为线路敷设方式；j 为线路敷设部位；h 为线路敷设安装高度，m。

上述字母无内容时则省略该部分。

例：12-BLV2($3\times70+1\times50$)SC70-FC，表示系统中编号为 12 的线路，敷设有 2 根（$3\times70+1\times50$）电缆，每根电缆有三根 $70mm^2$ 和一根 $50mm^2$ 的聚氯乙烯绝缘铝芯导线，穿过直径为 70mm 的焊接钢管沿地板暗敷设在地面内。

② 用电设备的标注格式。用电设备的文字标注格式为 $\dfrac{a}{b}$。式中，a 为设备编号；b 为额定功率，kW。

例：$\dfrac{P02C}{40kW}$ 表示设备编号为 P02C，容量 40kW。

③ 动力和照明配电箱的标注格式。动力和照明配电箱的文字标注格式为 $a\text{-}b\text{-}c$ 或 $a\dfrac{b}{c}$。式中，a 为设备编号；b 为设备型号；c 为设备功率，kW。

例：$2\dfrac{PXTR\text{-}4\text{-}3\times3/1CM}{54}$ 表示 2 号配电箱，型号为 PXTR-4-3×3/1CM，功率为 54kW。

④ 桥架的标注格式。桥架的文字标注格式为 $\dfrac{a\times b}{c}$。式中，a 为桥架的宽度，mm；b 为桥架的高度，mm；c 为安装高度，m。

例：$\dfrac{800\times200}{3.5}$ 表示电缆桥架的高度是 200mm，宽度是 800mm，安装高度为 3.5m。

⑤ 照明灯具的标注格式。照明灯具的文字标注格式为 $a\text{-}b\dfrac{c\times d\times L}{e}f$。式中，$a$ 为同一个平面内，同种型号灯具的数量；b 为灯具的型号；c 为每盏照明灯具中光源的数量；d 为每个光源的容量，W；e 为安装高度，当吸顶或嵌入安装时用"-"表示；f 为安装方式；L 为光源种类（常省略不标）。

例：$10\text{-}PKY501\dfrac{2\times40}{2.7}Ch$ 表示共有 10 套 PKY501 型双管荧光灯，容量 $2\times40W$，安装高度 2.7m，采用链吊式安装。

⑥ 开关及熔断器的标注格式。开关及熔断器的标注格式为 $a\text{-}b\text{-}c/I$。式中，a 为设备编号；b 为设备型号；c 为额定电流，A；I 为整定电流，A。

6.5.2.2 建筑电气施工图实例识读

(1) 电气施工图设计说明　图 6-8 为某高速公路服务区的配电系统设计说明。

(2) 总配电柜系统图　某高速公路服务区配电系统图如图 6-9 所示。

系统总安装容量为 290kW，计算电流为 392A，进线电缆 $2\times$[YJV22($3\times185+1\times95$)-SC125]为 2 根 YJV22-($3\times185+1\times95$) 电力电缆，分别穿水煤气钢管 SC125 埋地敷设。引出线共 5 个回路，1 号线引至综合楼 1 配电柜，电缆为 YJV22（4×150）；2 号线和 3 号线分别引至综合楼 2 配电柜和综合楼厨房配电柜，电缆均为 YJV22（4×50）；4 号线和 5 号线分别引到室外设备配电柜和加油站配电柜，电缆均为 YJV22（4×25）。为补偿系统功率因数，设有功率因数补偿柜，补偿容量 168kvar，屏宽 800mm，补偿后功率因数大于 0.9。

一、设计依据

1. 民用建筑电气设计规范（附条文说明［另册］）（JGJ 16—2008）

2. 汽车库、修车库、停车场设计防火规范（GB 50067—2014）

3. 建筑照明设计标准（GB 50034—2013）

4. 建筑设计防火规范（GB 50016—2014）

5. 建筑物防雷设计规范（GB 50057—2010）

6. 建筑物电子信息系统防雷技术规范（GB 50343—2012）

7. 综合布线系统工程设计规范（GB 50311—2016）

8. 国家及地方有关的其他法律法规和规定、甲方设计任务书、土建和水暖通风专业提供的条件

二、设计内容

本设计包括供配电系统、照明系统、动力系统、电话系统及防雷接地系统等。

三、供配电系统

1. 综合楼 2 为二层公共建筑，服务区内各单体建筑电源均由综合楼 2 内低压配电室供给，收费站消防用电设备、公路监控设备、收费雨棚设备、锅炉房动力、生活给水动力及厨房动力按二级负荷供电，其他按三级负荷供电。

2. 综合楼 2 由室外箱式变电站引来一路低压电源（3N～50Hz～380/220V）作为所有用电设备的工作电源，采用自备柴油发电机作为二级负荷的备用电源。配电系统接地形式采用 TN-C-S 系统，进户电缆沿地直埋，进户配电箱处做重复接地，由重复接地引出一根 PE 线。进户配电装置设于一层配电间内，落地安装，下设 700mm 深电缆沟，采用 10 槽钢作基础。

3. 消防用电设备采用独立回路供电，两路电源在最末一级配电箱处自动切换；其他二级负荷用电设备的两路电源在配电间手动切换，切换装置设电气及机械连锁。消防配电装置设有明显标志（红色字体）。火灾时非消防电源可在配电间手动切除。

4. 本工程动力用电设备平均自然功率因数为 0.75，配电间内设置电容自动补偿装置补偿。

四、配线

1. 进出户干线采用 YJV22-0.6/1kV 铜芯交联聚乙烯绝缘铠装电力电缆，配电干线采用 YJV-0.6/1kV 铜芯交联聚乙烯绝缘电力电缆穿钢管（SC）沿墙及楼板暗敷，普通照明分支线采用 BV-450/750V 铜芯塑料导线穿半硬阻燃管（FPC）沿墙及楼板暗敷。

2. 图中未标注导线截面及根数者，应急照明为 ZRBV（$3\times2.5mm^2$），普通照明为 BV（$3\times2.5mm^2$），普通插座为 BV（$3\times2.5mm^2$），未标管径者，$2.5mm^2$ 导线穿半硬阻燃管时，1～3 根为 FPC16，4～6 根为 FPC20，穿钢管时，2～3 根为 SC15，4～6 根为 SC20；$4.0mm^2$ 导线穿半硬阻燃管时，3 根为 FPC20，4 根为 FPC25。

五、照明系统

1. 本工程值班室、消防泵房、配电间设火灾应急照明（备用），疏散走道及楼梯间设火灾应急照明及疏散指示照明。

2. 值班室、消防泵房、配电间火灾应急照明照度应保证其正常工作照度，疏散走道用应急照明地面水平照度不低于 0.5lx，人员密集场所内应急照明的地面水平照度不低于 1.0lx，楼梯间内的应急照明地面水平照度不低于 5.0lx。

3. 应急照明灯设在墙面和顶棚上，安全出口标志灯设在出入口的顶部，疏散指示标志灯设在疏散走道及其转角、楼梯间等距地面 0.5m 处，疏散走道的指示灯间距不大于 20m。应急照明灯具应有非燃材料保护罩。

4. 配电间、值班室等场所采用三基色高效节能型荧光灯管作为照明光源，设备间及车库采用高效节能气体放电灯，其他场所采用节能灯作为照明光源。配电间平均照度值为 200lx；值班室及设备间平均照度值为 100lx；车库平均照度值为 75lx；疏散走道平均照度值为 50lx。配电间及发电机房功率密度值小于 $8W/m^2$；锅炉房功率密度值小于 $6W/m^2$；泵房功率密度值小于 $5W/m^2$。

5. 车库设自动升降门。车库修车地沟内手提行灯电源采用超低电压（12V）供电。

图 6-8　某高速公路服务区的配电系统设计说明

（3）配电干线系统图　图 6-10 是某服务区综合楼 1 配电干线系统图。配电箱为 JH1-1（GGD1-改 800×600×2200 落地安装），进线管线为 YJV22(4×150)-SC125，接保护开关为隔离开关 SIWOG1-400J/3P 和断路器 BM400SN/3300-250A。引出线共 7 个回路，在墙内暗敷，均设有相应容量 BM100-HN/3300 系列断路器加以保护。WP1 回路 BV(3×35＋2×16)-SC50 引至一层大厅热风幕配电箱 AL11；WP2 回路 BV(3×25＋2×16)-SC50 引至一层

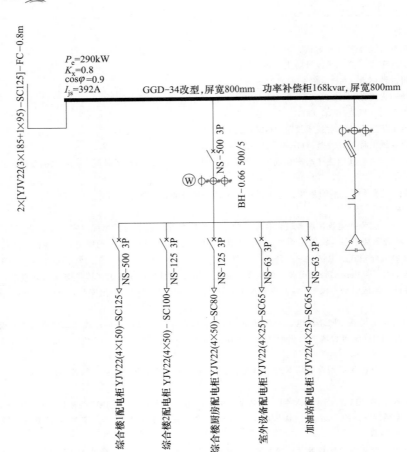

图 6-9　某高速公路服务区的配电系统图

侧门热风幕配电箱 AL12；WL1 回路 BV(3×25＋2×16)-PC50 引至商服区，采用树干式连接了 5 套门市，每个门市在一层和二层各设一配电箱；WL2 引至二层餐厅照明配电箱；WL3 引至浴室配电箱；WL4 和 WL5 分别引至办公区和宿舍区，采用树干式在三层和四层各设一配电箱。

（4）照明平面图　图 6-11 为某高速公路服务区综合楼 2 一层照明平面图。该层配电箱 AL1 设于②轴线和ⓒ轴线交叉处的库房内，AL1 照明箱配电系统图如图 6-12 所示，进线采用 VV5×6 穿 32 钢管从低压配电柜引至照明配电箱。室外设有垂直接地体 3 根，用扁钢连接引出接地线作为 PE 线随电源引入室内照明配电箱。水泵房和锅炉房各设防水防尘灯 4 盏，每盏内装 60W 白炽灯泡，吸顶安装；两房内各设安全型双联二三极暗装插座 1 个。两个车库内各设单管荧光灯 3 盏（功率为 40W），采用吸顶安装；各暗装安全型双联二三极插座 2 个和电动门插座 1 个。库房设有防水防尘灯 2 盏，内装 60W 白炽灯泡，吸顶安装；安全型双联二三极暗装插座 2 个。门厅内设 4 盏防水圆球灯，每盏内装 40W 白炽灯泡，吸顶安装。办公室设有 2 管荧光灯 2 盏，灯管功率为 40W，链吊式安装，安装高度为 2.4m；设有安全型双联二三极暗装插座 2 个。卫生间设有一盏防水防尘灯，内装 60W 白炽灯泡，吸顶安装；另设有卫生间排气扇 1 台。室外各门口及室内楼梯口各设 1 盏防水圆球灯，每盏内装 40W 白炽灯泡，吸顶安装。一层配电设备材料表见表 6-5。

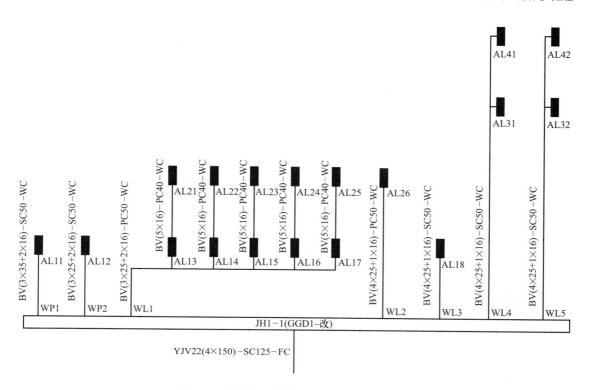

图 6-10　某服务区综合楼 1 配电干线系统图

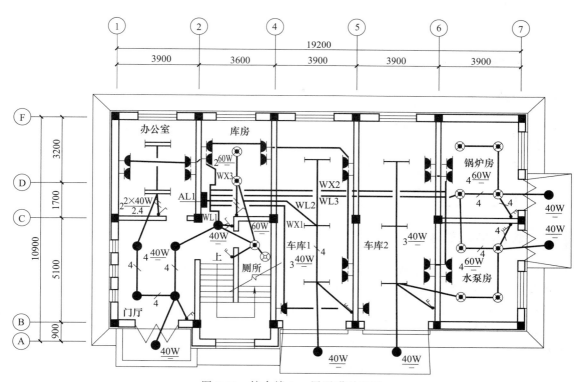

图 6-11　综合楼 2 一层照明平面图

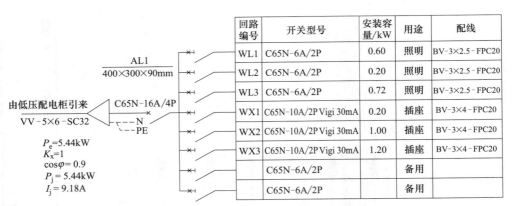

图 6-12　综合楼 2 照明箱 AL1 配电系统图

表 6-5　一层配电设备主要材料表

序号	符号	名称	规格型号	单位	数量	安装方式	安装高度
1	▬	嵌入照明配电箱	400×300×90mm	台	1	壁装式	底边距地 1.5m
2	—	单管荧光灯	～220V　40W	盏	6	吸顶式	
3	=	双管荧光灯	～220V　2×40W	盏	2	链吊式	距地 2.4m
4	●	球形灯	～220V　40W	盏	10	吸顶式	
5	⊗	防水防尘灯	～220V　60W	盏	11	吸顶式	
6	⊗	卫生间排气扇	～220V　50W	台	1	壁挂式	距地 2.4m
7	⏝⏝	安全型双联二三极暗装插座	～250V　10A	个	10	壁内装式	距地 0.4m
8	⏝	电动门插座	～250V　10A	个	2	壁内装式	距地 2.2m
9	⌐●	暗装单极开关	～250V　10A	个	3	壁内装式	距地 1.4m
10	⌐●	暗装双极开关	～250V　10A	个	4	壁内装式	距地 1.4m
11	⌐●	暗装三极开关	～250V　10A	个	2	壁内装式	距地 1.4m

本章小结

1. 建筑电气系统包括供配电系统、照明系统、防雷接地系统、通信系统、安防系统。电路由电源、中间环节和负载组成。

2. 电力系统是由发电厂、电力网和电力用户组成的统一整体。

3. 民用建筑负荷，根据建筑物的重要性及中断供电在政治、经济上所造成的损失或影响的程度，将民用建筑用电负荷分为三级。

4. 供配电系统，根据供配电过程中输送电能、操作控制、检查计量、故障保护等不同要求，一般包括：①输送电能设备；②通断电路设备；③检修指示设备；④满足高电压、大电流检查计量和继电保护需要的电压互感器和电流互感器；⑤故障保护设备；⑥雷电保护设备；⑦功率因数改善设备；⑧限制短路电流设备。

5. 建筑电气照明的方式主要有一般照明、分区一般照明、局部照明和混合照明。电气照明种类可分为正常照明、应急照明、警卫照明、值班照明、景观照明和障碍照明。

6. 照明线路主要由进户线、总配电箱、干线、分配电箱、支线和用户配电箱（或照明设备）等组成。

7. 建筑防雷系统，防雷装置一般由接闪器、引下线和接地装置三个部分组成。

8. 建筑接地系统一般包括工作接地、保护接地、重复接地和防雷接地四种。低压电网有三种接地系统：TN 系统、TT 系统和 IT 系统。

9. 建筑电气施工图由首页、电气系统图、平面图、电气原理接线图、设备布置图、安装接线图和大样图组成。

思考与练习

1. 什么是电力系统？

2. 电力负荷分为几级？各级负荷对供电电源有何要求？

3. 简述常用的负荷计算方法。

4. 变电所的选址原则是什么？

5. 常用的照明光源和照明灯具有哪些？

6. 照明线路组成部分有哪些？

7. 防雷建筑物有哪几类？防雷装置及接电形式有哪些？

8. 接地的种类有哪些？详述低压电网的三种接地系统。

9. 简述电气施工图的组成。

第7章 建筑智能化

学习目标

- 熟悉智能建筑基本概念及智能建筑相关系统。
- 熟悉有线电视系统的组成，掌握有线电视系统的相关设备知识。
- 熟悉火灾自动报警与消防联动形式。
- 熟悉安全防范系统基本组成及相关功能。

7.1 智能建筑简介

7.1.1 智能建筑基本概念

智能建筑是以建筑为平台，兼备建筑设备、办公自动化、通信网络系统，集结构、系统、服务、管理及它们之间的最优化组合，向人们提供一个安全、高效、舒适、便利的建筑环境。

智能建筑与传统建筑相比有很多不同的特点：

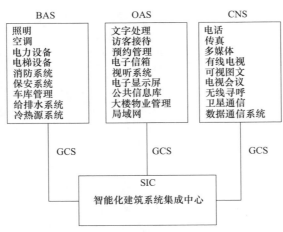

图 7-1 智能建筑组成及功能示意图

① 智能建筑设备在最经济、最理想状态下运行，能源利用率高；

② 智能建筑具有适应环境等变化的灵活性；

③ 智能建筑中引进各种高新技术，各系统相互配合，更能体现"智能"；

④ 智能建筑的投资比一般建筑高。

智能建筑一般由建筑设备自动化系统、办公自动化系统、通信网络系统、综合布线系统和系统集成中心组成。智能建筑组成及功能示意图如图7-1所示。

7.1.2 建筑设备自动化系统

建筑设备自动化系统（building automation system，BAS）将建筑物内的电力、照明、空调、给排水、防灾、保安、电梯等设备或系统，构成综合系统，以集中监视、控制、测量和管理，做到运行安全、可靠，节省人力、能源。其主要功能如下。

① 对空调系统设备、通风设备、环境检测系统等运行状况的监视、控制、测量和记录。

② 对供配电系统中变配电设备、电源设备等的监视、测量和记录。

③ 对动力设备、照明设备等进行监视、控制等。

④ 对给排水系统的给排水设备、饮水设备、污水处理设备等进行监视、控制、测量和记录。

⑤ 对电梯、扶梯等电梯设备的监视、控制。

⑥ 对热力系统的热源设备等进行监视、控制、测量和记录。

⑦ 对火灾自动报警与消防联动系统、安防系统等系统运行进行监视和联动控制。

二维码21

空调机房设备自动化三维漫游模型

7.1.3 办公自动化系统

办公自动化系统（office automation system，OAS）是应用计算机技术、通信技术、多媒体技术和行为科学技术等先进技术，使人们的部分办公业务借助于各种办公设备，并由这些办公设备与办公人员构成的人机信息系统。其包括的子系统和主要功能如下。

① 物业管理营运信息子系统，能对建筑物内各类设施的资料管理、运行状况及维护进行管理。

② 办公和服务管理子系统，具有进行文字处理、文档管理、各类公共服务的计费管理、电子账务、人员管理等功能。

③ 信息服务子系统，具有共用信息库，向建筑物内公众提供信息采集、装库、检索、查询、发布、引导等功能。

④ 智能卡管理子系统，能识别身份、门匙、信息系统密匙等，并进行各类计费。

7.1.4 通信自动化系统

通信自动化系统（communication automation system，CNS）在楼内能进行语音、数据、图像的传输，同时与外部公用电话网、计算机互联网、卫星通信网等联网，确保信息畅通。其主要功能如下。

① 将公用通信网通过铜缆、光纤引入建筑物内，至用户工作区。

② 设置数字化、宽带化、综合化、智能化的用户入网设备。

③ 设置有线电视系统和卫星电视系统。

④ 设置会议电视系统，并提供系统通信路由。

⑤ 设置多功能会议厅，配置多语言同声传译扩音系统。

⑥ 设置公共广播系统，并与紧急广播系统联网。

⑦ 设置综合布线系统，向使用者提供宽带信息传输的物理链路。

7.1.5 综合布线系统

综合布线系统（generic cabling system，GCS）是建筑物内的传输网络。其使建筑物内语音、数据通信设备、信息交换设备、物业管理及建筑自动化管理设备等系统之间相连，建筑物内系统与外部网络相连。

综合布线系统包括建筑物到外部网络或电话局线路上的连线点与工作区的语音或数据终端之间的所有电缆及相关联的布线部件。其划分为六个子系统：工作区子系统、配线（水平）子系统、干线（垂直）子系统、设备间子系统、管理子系统、建筑群子系统。

（1）工作区子系统　由终端设备连接到信息插座的连线（或软线）组成，它包括装配软线、连接器和连接所需的扩展软线，并在终端设备和输入/输出（I/O）之间搭接，相当于电话配线系统中连接话机的用户线及话机终端部分。

（2）配线子系统　将干线子系统线路处延伸到用户工作区，相当于电话配线系统中配线电缆或连接到用户出线盒的用户线部分。

（3）干线子系统　提供建筑物的干线（馈电线）电缆的路由。该子系统由布线电缆组成，或者由电缆和光缆以及将此干线连接到相关的支撑硬件组合而成。相当于电话配线系统中干线电缆。

（4）设备间子系统　把中继线交叉连接处和布线交叉连接到公用系统设备上，由设备间中的电缆、连接器和相关支撑硬件组成，它把公有系统设备的各种不同设备互连起来。相当于电话配线系统中站内配线设备及电缆、导线连接部分。

（5）管理子系统　由交连、互连和输入/输出（I/O）组成，为连接其子系统提供连接手段。相当于电话配线系统中每层配线箱或电话分线盒部分。

（6）建筑群子系统　由一个建筑物中的电缆延伸到建筑群的另外一些建筑物中的通信设备和装置上，它提供楼群之间通信设施所需的硬件。其中有电缆、光缆和防止电缆的浪涌电压进入建筑物的电气保护设备。相当于电话配线中的电缆保护箱及各建筑物之间的干线电缆。

7.1.6 系统集成中心

系统集成中心（systems integration center，SIC）是将智能建筑内不同功能的智能子系统在物理上、逻辑上、功能上连接在一起，以实现信息综合、资源共享。系统集成中心具有如下特点。

① 系统集成汇集建筑内外各种信息。接口界面应标准化、规范化，以实现各智能化系统之间的信息交换。

② 系统能对建筑物内各子系统进行综合管理。

③ 信息管理系统具有相应的信息处理能力，实现信息管理自动化。

7.2 有线电视与电话通信系统

7.2.1 有线电视系统的组成及设备

有线电视系统是对电视广播信号进行接收、放大、处理、传输和分配的系统，英文缩写写为 CATV 系统，CATV 系统在早期的共享天线电视系统基础上发展为多功能、多媒体、多频道、高清晰和双向传输等技术先进的有线数字电视网，在信息传递、丰富人们文化生活方面起到重要的作用。CATV 系统广泛应用在住宅、宾馆、教学办公和体育场等建筑中。

7.2.1.1　CATV 系统的基本组成

CATV 系统由信号源、前端设备和传输分配网络三部分组成，其组成原理如图 7-2 所示。

（1）信号源　信号源部分包括广播电视接收天线（如单频道天线、分频段天线及全频道天线）、FM 天线、卫星直播地面接收站、视频设备（录像机、摄像机）和音频设备等。其功能是接收并输出图像和伴音信号。

（2）前端设备　前端设备是指信号源与传输分配网络之间的所有设备，用于处理要传输分配的信号。前端设备是系统的心脏，CATV 系统图像质量的好坏，前端设备的质量起着关键的作用。前端设备一般包括 UHF/VHF 转换器、VHF 和 UHF 频段宽带放大器、天线放大器、频道放大器、混合器、调制器、衰减器、分波器和导频信号发生器等器件。但是，并不是任何 CATV 系统的前端部分都必须具备以上所有器件，根据系统规模及要求的不同，其具体组成也不同。

（3）传输分配系统　传输分配系统主要由干线传输系统和用户分配系统组成，其作用是将信号均匀地分配给各用户接收机，并使各用户之间相互隔离，互不影响。

干线传输系统主要由干线放大器、干线桥接放大器、分配器和主干射频电缆构成。

用户分配系统一般包括分配器、分支器、线路延长放大器、用户接线盒及射频电缆等器件。

7.2.1.2　CATV 系统的主要设备

（1）接收天线　接收天线的主要作用是接收电磁信号、选择放大信号和抑制干扰等。

（2）放大器　放大器的主要作用是放大信号。

（3）频道变换器　频道变换器的主要作用是将高频道变成低频道进行传输。

（4）调制器　调制器的主要作用是将视频信号和音频信号加载到高频载波上，以便传输。

（5）解调器　解调器从射频信号中取出图像信号和伴音信号，并分别处理。

（6）混合器　混合器的主要作用是将多路射频信号混成一路（称为射频信号），用一根电视电缆传输。

（7）分配器　分配器是将射频信号分配成多路信号输出，主要用于前端系统末端对总信号进行分配或干线分支和用户分配等。

（8）分支器　分支从干线或支线取出一部分信号馈送给用户接收机，在用户分配系统中也可作为一路信号分成多路信号之用。

（9）传输线缆　常用的传输线缆有同轴电缆和光缆。

（10）用户接线盒　用户接线盒为电视信号的接口设备，俗称电视插座。

7.2.2　电话通信系统的组成及设备

以前的电话通信系统主要满足语音信息传输功能，现代电话通信系统已发展为电话、传

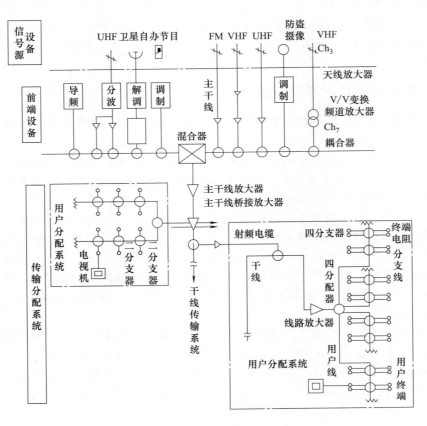

图 7-2　CATV 系统组成

真、移动通信和数字信息处理等电信技术和电信设备组成的综合通信系统。科学技术的发展和社会信息化高速发展，推动了现代通信技术的变化，使得现代通信网正朝着数字化、智能化、综合化、宽带化和个人化的方向发展。

7.2.2.1　电话通信系统的组成

电话通信系统由用户终端设备、交换设备和传输设备按一定的拓扑模式组合在一起。端局至汇接局的传输设备一般称为中继电路，端局至终端用户的传输设备称为用户电路。通信网络用户电路如图 7-3 所示。

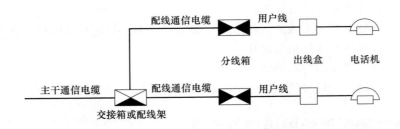

图 7-3　通信网络用户电路组成

7.2.2.2　电话通信系统的主要设备

（1）交接箱　它是连接主干电缆与配线电缆的接口装置。从市话局引来的主干电缆在交接箱中与用户配线电缆连接。交接箱主要由接线模块、箱架结构和机箱组成。

（2）分线箱与分线盒　它的作用是连接交接箱（或配线架）或上一级分线设备的电缆，并将其分给各电话出线盒，是在配线电缆的分线点所使用的分线设备。

（3）电话出线盒　它是连接用户线与电话机的装置。其按安装方式不同可分为墙式和地式两种。

（4）用户终播设备　它包括电话机、电话传真机和用户保安器等。

7.3　火灾自动报警系统

7.3.1　火灾自动报警系统的工作原理与保护对象

人类文明起源于火，火造福于人类，但火灾也给人类社会带来巨大的危害。火灾自动报警及消防联动控制系统能有效检测火灾、控制火灾、扑灭火灾，为保障人民生命和财产的安全，起着非常重要的作用。

7.3.1.1　火灾自动报警系统的工作原理

被保护场所的各类火灾参数由火灾探测器或经人工发送到火灾报警控制器，控制器将信号放大、分析和处理后，以声、光和文字等形式显示或打印出来，同时记录下时间，根据内部设置的逻辑命令自动或人工手动启动相关的火灾警报设备和消防联动控制设备，进行人员的疏散和火灾的扑救。

7.3.1.2　火灾自动报警系统的保护对象

火灾自动报警系统的基本保护对象是工业与民用建筑及场所，但根据被保护建筑使用性质、火灾危险性、疏散和扑救难度等分为特级、一级和二级保护对象。保护对象的类别（举例）见表 7-1。

表 7-1　火灾自动报警系统保护对象等级划分

等级	建筑物分类	建筑物名称
特级	建筑高度超过 100m 的建筑	各类建筑物
一级	高层民用建筑,建筑高度不超过 24m 的多层民用建筑及超过 24m 的单层公共建筑	《高层民用建筑设计防火规范》(一类所列建筑) 1. 200 个以上床位的病房楼或每层建筑面积 1000m² 以上的门诊楼; 2. 每层建筑面积超过 3000m² 的百货楼、商场、展览、高级旅馆、财贸金融楼、电信楼和高级办公楼; 3. 藏书超过 100 万册的图书馆、书库; 4. 超过 3000 个座位的体育馆; 5. 重要的科研楼、资料档案楼; 6. 省级(含计划单列市)的邮政楼、广播电视楼、电力调度楼、防灾指挥调度楼; 7. 重点文物保护场所; 8. 超过 1500 个座位的影剧楼、会堂、礼堂

等级	建筑物分类	建筑物名称
一级	地下民用建筑	1. 地下铁道、车站； 2. 地下电影院、礼堂； 3. 使用面积超过 1000m² 的地下商场、医院、旅馆、展览厅及其他商业或公共活动场所； 4. 重要的实验室、图书资料档案库
二级	高层民用建筑	《高层民用建筑设计防火规范》(二类所列建筑物) 1. 设有空气调节系统的或每层建筑面积超过 2000m² 但不超过 3000m² 的商业楼、财贸金融楼、电信楼、展览楼、旅馆、办公楼、车站、海河客运站、航空港等公共建筑及其他商业或公共活动场所； 2. 市县级的邮政楼、广播电视楼、电力调度楼、防灾指挥调度楼； 3. 不超过 1500 个座位的影剧院； 4. 库容在 26 辆以上的停车库； 5. 高级住宅； 6. 图书馆、书库、档案楼； 7. 舞厅、卡拉OK厅(房)、夜总会等商业娱乐场所
二级	建筑高度不超过 24m 的民用建筑	
二级	地下民用建筑	1. 库容在 26 辆以上的地下停车场； 2. 长度超过 500m 的城市隧道； 3. 使用面积不超过 1000m² 的地下商场、医院、旅馆、展览厅及其他商业或公共活动场所

7.3.2 火灾自动报警系统的组成及常用设备

7.3.2.1 火灾自动报警系统的组成

火灾自动报警系统由触发装置、报警装置、警报装置、控制装置和电源等组成，系统组成如图 7-4 所示。

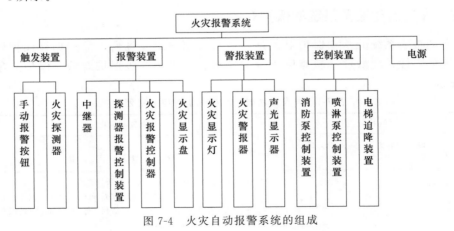

图 7-4 火灾自动报警系统的组成

7.3.2.2 火灾自动报警系统的常用设备

（1）触发装置

① 火灾探测器。火灾探测器是对火灾现场的光、温、烟及焰火辐射等现象产生响应，并发出信号的现场设备。

根据其感测的参数不同，分为感烟火灾探测器、感温火灾探测器、感光火灾探测器、可燃气体探测器及复合式火灾探测器等。按结构造型分类不同，可分为点型和线型两类。

a. 感烟火灾探测器是感测环境烟雾浓度的探测器。主要有离子感烟探测器、光电感烟探测器及光束感烟探测器等。感烟探测器能通过早期烟雾感知火灾的危险。

b. 感温火灾探测器是对环境中的温度进行监测的探测器。根据检测温度参数的特性 不同，可分为定温式、差温式及差定温式探测器三类。感温火灾探测器特别适用于发生火灾时有剧烈温升的场所。

c. 感光火灾探测器用来探测火焰辐射的红外光和紫外光，对感烟、感温探测器起到补充作用。感光火灾探测器特别适用于突然起火而无烟雾的易燃、易爆场所，室内外均可使用。

d. 可燃气体探测器主要用来探测可燃气体（如天然气等）在某区域内的浓度，在气体达到爆炸危险条件之前发出信号报警。

e. 复合式火灾探测器的探测参数不只是一种，扩大了探测器的应用范围，提高了火灾探测的可靠性。常见的有感烟感温探测器、感光感烟探测器及感光感温探测器等。

② 手动报警按钮。手动报警按钮是手动方式产生火灾报警信号的器件，是火灾自动报警系统不可缺少的装置之一。

（2）报警装置　火灾自动报警系统的核心报警装置是火灾报警控制器。按用途和设计使用要求分类，其可分为区域报警控制器、集中报警控制器及通用报警控制器。区域报警控制器与集中报警控制器在结构上没有本质区别，只是在功能上分别适应于区域报警工作状态与集中报警工作状态。通用报警控制器兼有区域、集中两级火灾报警控制功能，通过设置或修改相应参数即可作为区域或集中报警控制器使用。

① 区域报警控制器常用于规模小、局部保护区域的火灾自动报警系统。其系统组成如图 7-5 所示。

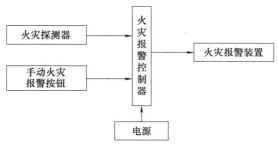

图 7-5　区域报警系统

② 集中报警控制器常用于规模较大的建筑或建筑群的火灾自动报警系统。

③ 控制中心报警系统由消防控制室的消防控制设备、集中火灾报警控制器、区域火灾报警控制器和火灾探测器等组成。系统容量大，消防设施的控制功能较全，适用于大型建筑的保护。

（3）警报装置　警报装置在发生火灾时，发出声和光信号报警，提醒人们注意。常用的警报装置有声光报警器、警铃和讯响器等。

（4）控制装置　在火灾自动报警系统中，当接收到来自触发器的火灾信号后，能自动或手动启动相关消防设备并显示其工作状态的装置，称为控制装置。控制装置主要有自动灭火系统的控制装置、室内消火栓的控制装置、防烟排烟控制系统的控制装置、空调通风系统的控制装置、防火门控制装置及电梯迫降控制装置等。

7.4 安全防范系统

7.4.1 视频监控系统

7.4.1.1 视频监控系统的功能与应用场所

（1）视频监控系统的主要功能

① 视频监控系统能对建筑物内的主要公共活动场所、通道、电梯前室、电梯轿厢及楼梯口等重要部位进行探测，并有效记录，再现画面、图像。

② 监视器画面显示有明确的摄像机编号、位置、时间等，能任意编程，手动自动切换。

③ 视频监控系统可以自成网络独立运行，也可与入侵报警系统、火灾报警系统等系统联动，能对报警现场的声音和图像进行复核，并录像。

④ 安防控制中心对视频监控系统进行集中管理和监控。

（2）视频监控系统的应用场所

① 大型活动场所、机要单位的安全保卫。

② 自选商场、珠宝店、书店等商业经营单位。

③ 银行、金库等金融系统的营业厅、储藏间、办公场所、进出口等。

④ 博物馆、文物保护单位的展览厅、进出口等。

⑤ 机场、车站、港口、海关等交通要道。

⑥ 旅馆、宾馆的出入口、大厅、财务室、电梯轿厢及前室、走廊、内部商场等。

⑦ 医院的急救中心、候诊室、手术室等。

⑧ 建筑小区内主要道路、出入口、围墙周边等。

⑨ 具有流水线作业的工厂等。

7.4.1.2 视频监控系统的组成及设备

视频监控系统一般由摄像、传输、控制、图像处理及显示等四部分组成。

（1）摄像　摄像为视频监控系统的前端部分，主要是探测现场视频信息，传递给控制中心计算机。其主要设备包括摄像机、镜头、云台及防护罩等。

① 摄像机是采集现场视频信息的主要设备，目前广泛使用的是电荷耦合式摄像机，称为 CCD 摄像机。摄像机主要有黑白摄像机、彩色摄像机及红外摄像机等。

② 镜头分为定焦镜头和变焦镜头，与摄像机配合使用。

③ 云台是固定和安装摄像机的设备。电动云台可以在控制信号的作用下进行上、下、左、右运动，使摄像机的采集范围扩大。

④ 防护罩分室内、室外两种，用于保护摄像机免受损坏。

（2）传输　传输部分为视频监控系统的缆线系统，主要传输由摄像机到控制中心的视频信号和由控制中心到现场云台等控制设备的控制信号。传输视频信号的缆线主要为视频同轴电缆、射频同轴电缆、平衡对电缆和光缆等。传输控制信号的缆线主要为双绞线和复用视频同轴电缆等。

（3）控制　通过控制中心对云台、镜头和防护罩等动作控制，对视频信号的分配控制，对图像的切换、分割控制等。控制部分主要设备有视频切换器、画面分割器和控制台（控制中心计算机）等。

（4）图像处理及显示　图像处理及显示是视频监控系统的终端部分，主要作用为显示现场的视频画面、储存视频信息等。其主要设备有监视器、磁带录像机、硬盘录像机等。

7.4.2　入侵报警系统

入侵报警系统是在探测到防范现场入侵者时能发出警报的系统。

7.4.2.1　入侵报警系统的功能

① 系统对设防区域的非法入侵，能实时、有效探测与报警。
② 系统可以按时间、区域、部位任意编程设防和撤防。
③ 对设备工作状态能自检，及时发现故障，报告故障位置，提高系统工作可靠性。
④ 系统设备具有防破坏功能，遭到破坏具有报警功能。
⑤ 报警控制设备能记录和显示报警部位等参数。
⑥ 系统前端通过安装的各类入侵探测设备构成点、线、面立体或综合防范体系。
⑦ 系统可以自成网络，独立运行，也可和其他安防系统联网。

7.4.2.2　入侵报警系统的组成及设备

入侵报警系统一般由前端、传输系统、报警控制设备组成。

（1）前端　系统的前端设备为各种类型的入侵探测器。探测器主要有磁控开关、紧急报警装置、被动红外入侵探测器、双鉴器（微波与被动红外双技术探测器）、玻璃破碎入侵探测器、主动红外入侵探测器、电动式振动探测器、电动式振动电缆入侵探测器、泄露电缆传感器、平行线周边传感器等。

（2）传输系统　传输系统一般敷设专用传输线或无线信道传输报警信息，配以必要的有线、无线接收装置，形成以有线传输为主、无线传输为辅的报警传输系统。

（3）报警控制设备　报警控制设备是入侵报警系统的核心设备，主要设备为报警控制器。报警控制器自动接收前端设备发来的报警信息，在计算机屏幕上实时显示，同时发出声、光报警。在平时，报警控制器对前端设备进行巡检、监控，保障系统正常运行。

7.4.3　出入口控制系统

出入口控制系统对建筑物内外的正常出入信道进行管理，限制无关人员进入小区和建筑物内，以保障住宅小区和建筑物内的安宁。一般出入口控制系统可与可视对讲系统、入侵防盗系统配合。

7.4.3.1　出入口控制系统的主要功能

① 系统设备在建筑物出入口、通道，重要房间门等处设置，对设防区域的通过对象及时间进行实时和多级控制，具有报警功能。
② 信息自动记录、打印、储存、防篡改等功能。
③ 系统控制部分设置在安防监控中心，监控中心对出入口进行多级控制和集中管理。
④ 系统能独立运行，也能与火灾自动报警系统、视频监控系统、入侵报警系统联动。

7.4.3.2 出入口控制系统组成及设备

出入口控制系统一般由识别、控制及执行和管理三部分组成。

（1）识别 识别系统对进入人员能够进行身份辨识。常用的识别技术主要有密码识别、读卡识别、人体生物识别等。识别部分主要设备为读卡机。

（2）控制及执行 控制及执行部分对授权人员开启门放行通过，对非授权人员拒绝进入，甚至报警、阻拦。控制及执行部分由计算机控制的电控门锁装置构成。电控门锁主要有电控锁、电磁锁、点击锁等。

（3）管理 管理部分为出入口控制系统的中心计算机配上适合的管理软件，实现对系统中所有控制器的管理，接收控制器发来的信息，发送控制命令，并记录、打印等。

7.4.4 访客对讲系统

访客对讲系统把住宅人口、住户、保安人员三方面的通信联系在一个网络中，并与监控系统配合为住户提供安全、舒适的生活。

7.4.4.1 访客对讲系统的主要功能

① 适用于智能化住宅小区、高层住宅、单元式公寓等。

② 访客对讲系统对主人和访客提供双向通话或可视通话，并由主人控制大门电控锁的开启或向安防监控中心报警。

③ 管理主机控制门口机和各个副管理机，并具有抢线功能。

7.4.4.2 访客对讲系统的组成及设备

访客对讲系统由对讲和控制两部分组成。

（1）对讲 对讲部分分语音对讲、可视对讲两种类型。语音对讲主要由门口机和室内对讲机组成；可视对讲由门口机和室内可视对讲机组成。具有可视对讲的门口机含有摄像头，一般具有夜视功能。

（2）控制 控制部分一般以门口机或控制中心计算机为控制核心部分，对系统中信号进行接收、传递、处理和发出指令等。不联网的访客对讲系统，完全由门口机进行控制和判断，独立运行，适合一般单元式公寓和高层住宅楼的选用。联网的访客对讲系统，由安防控制中心的计算机监视、控制门口机、电控锁等设备，可以对现场进行判断、核对，提高系统工作的可靠性、安全性等，适合智能住宅小区选用。

7.4.5 停车场管理系统

停车场管理系统是为提高停车场的管理质量、效益和安全性而设置的管理系统。

7.4.5.1 停车场管理系统的主要功能

① 入口处显示停车场内的车位信息。

② 出入口及场内通道有行车指示。

③ 车牌和车型的自动识别，防止车辆丢失。

④ 系统读卡识别系统，可以辨认出入的车辆，并记录。

⑤ 出入口栅栏门能自动控制车辆进出。

⑥ 自动计费及收费金额显示。

⑦ 多个出入口可以联网与管理。

⑧ 发生意外时报警。

⑨ 可自成网络，独立运行，也可与视频监控系统、入侵报警系统联动。

7.4.5.2　停车场管理系统的组成及设备

停车场管理系统由停车场入口设备、出口设备、收费设备、图像识别设备、中央管理站等组成。

① 停车场入口设备包括车位显示屏、感应线圈或光电收发装置、读卡器、出票机、栅栏门等。

② 出口设备包括感应线圈或光电收发装置、读卡器、验票机、栅栏门等。

③ 收费设备包括中央收费设备或收款机。

④ 中央管理站包括计算机、打印机、UPS 电源等。

本章小结

1. 有线电视系统是对电视广播信号进行接收、放大、处理、传输、分配的系统，由信号源、前端设备和传输分配网络三部分构成。通信网络由用户终端设备、交换设备、传输设备按一定拓扑模式组合在一起。

2. 火灾自动报警系统由触发装置、报警装置、警报装置、控制装置和电源等组成，火灾探测器根据其感测的参数不同，分为感烟火灾探测器、感温火灾探测器、感光火灾探测器、可燃气体探测器、复合式火灾探测器等。火灾自动报警系统的核心报警装置是火灾报警控制器。

3. 安防系统主要有视频监控系统、入侵报警系统、出入口控制系统、访客对讲系统、停车场管理系统等组成。视频监控系统一般由摄像、传输、控制、图像处理和显示等四部分组成。入侵报警系统一般由前端、传输系统、报警控制设备组成。出入口控制系统一般由识别、控制及执行和管理三部分组成。访客对讲系统由对讲、控制部分组成。停车场管理系统由停车场入口设备、出口设备、收费设备、图像识别设备、中央管理站等组成。

4. 智能建筑是以建筑为平台，兼备建筑设备、办公自动化、通信网络系统，集结构、系统、服务、管理及它们之间的最优组合，向人们提供一个安全、高效、舒适、便利的建筑环境。智能建筑一般由建筑设备自动化系统、办公自动化系统、通信网络系统、综合布线系统和系统集成中心组成。

思考与练习

1. 简述 CATV 系统的组成及功能。

2. 简述火灾自动报警系统的组成及功能。

3. 简述建筑设备自动化的主要功能。

4. 简述系统集成中心的特点。

参 考 文 献

[1] 谷峡. 建筑给水排水工程 [M]. 哈尔滨：哈尔滨工业大学出版社，2009.

[2] 陈思荣. 建筑设备安装工艺与识图 [M]. 北京：机械工业出版社，2008.

[3] 王青山. 建筑设备 [M]. 北京：机械工业出版社，2009.

[4] 祝健. 建筑设备工程 [M]. 合肥：合肥工业大学出版社，2007.

[5] 王增长. 建筑给水排水工程 [M]. 第6版. 北京：中国建筑工业出版社，2010.

[6] 万建武. 建筑设备工程 [M]. 第2版. 北京：中国建筑工业出版社，2007.

[7] 汤万龙，刘玲. 建筑设备安装识图与施工工艺 [M]. 第2版. 北京：中国建筑工业出版社，2010.

[8] 杨光臣. 建筑电气工程识图·工艺·预算 [M]. 第2版. 北京：中国建筑工业出版社，2006.

[9] 刘兵，王强. 建筑电气与施工用电 [M]. 第2版. 北京：电子工业出版社，2011.

[10] 谢社初，胡联红. 建筑电气施工技术 [M]. 武汉：武汉理工大学出版社，2008.

[11] 李向东，于晓明，牟灵泉. 分户热计量采暖系统设计与安装 [M]. 北京：中国建筑工业出版社，2004.

[12] 建筑给水排水及采暖工程施工质量验收规范（GB 50242—2002）.